高等院校精品教材

电路电工基础实验

主　编　胡叶民　　朱利洋　　沈世耀　　樊楼英
副主编　赵小杰　　彭亦稆

ZHEJIANG UNIVERSITY PRESS
浙江大学出版社

内容提要

本书根据国家教育部高等院校自动化专业、机电专业教学大纲要求,结合面向 21 世纪课程教材《电路分析》(胡翔骏主编),《电工学》(浙江大学电工教研室主编)编写。除实验室操作实验内容之外,本书第一章引入了加拿大 IIT 公司的优秀电子仿真软件 Multisim 7 对实验进行虚拟仿真,有助于提高实验教学质量及学生的分析设计和创新能力。

本书分四章编写,第一章简明扼要地介绍了 KHDL-1 型电路原理实验箱等仪器使用方法和电子仿真软件 Multisim 7 的快速入门知识;第二章根据胡翔骏编写的教材《电路分析》各章节内容及教学大纲的要求,编写了 16 个相关实验;每三章根据《电工学》各章节内容及教学大纲的要求,编写了 9 个相关实验;第四章为附录,收录了部分常用电子元器件和电气图用图形符号以及电子仿真软件 Multisim 7 的元件库及相关参考资料。

本书除适合自动化专业、机电类专业学生使用外,也可供电子信息专业、计算机专业和高职学生选用,对自学者和从事电子工程设计人员也有一定的参考价值。

图书在版编目(CIP)数据

电路电工基础实验 / 胡叶民等主编. —杭州:浙
江大学出版社,2010.10(2017.8 重印)
ISBN 978-7-308-08027-9

Ⅰ. ①电… Ⅱ. ①胡… Ⅲ. ①电路理论－实验－高等
学校－教材②电工学－实验－高等学校－教材 Ⅳ.
①TM13－33

中国版本图书馆 CIP 数据核字(2010)第 199547 号

电路电工基础实验

主　　编　胡叶民　朱利洋　沈世耀　樊楼英
副主编　赵小杰　彭亦稽

责任编辑　王元新
封面设计　刘依群
出版发行　浙江大学出版社
　　　　　(杭州市天目山路 148 号　邮政编码 310007)
　　　　　(网址:http://www.zjupress.com)
排　　版　杭州好友排版工作室
印　　刷　浙江省良渚印刷厂
开　　本　787mm×1092mm　1/16
印　　张　13.5
字　　数　329 千
版 印 次　2010 年 11 月第 1 版　2017 年 8 月第 3 次印刷
书　　号　ISBN 978-7-308-08027-9
定　　价　28.00 元

2009 年度省科协育才工程资助项目

前　　言

电路分析是模拟电子技术、电工学、高频电路、通信原理等课程的基础,也是自动化等电类专业学生必修的基础课程之一。电工技术课程是高等学校非电类专业的一门技术基础课,学生通过学习,能够获得电工技术必要的基本理论、基本知识和基本技能。

跟学习其他专业课程一样,除了必须认真、透彻地学习掌握电路电工学中的定理定律理论知识之外,一个必须且重要的手段就是在实验室进行实验操作。理论知识往往比较抽象、深奥,在实验室通过直观的实验演示和数据测量,可以加深对理论知识的理解;另一方面,作为自动化类专业、电子信息类专业以及非电类专业学生,对动手能力的培养、实践操作技能的提高也是将来就业后解决实际问题的需要。

为满足培养 21 世纪创新人才的要求,本实验教材中引入了计算机虚拟仿真软件介绍,本书选用加拿大 Interactive Image Technologies 公司近年推出的 Multisim 7 版本电子仿真软件。与国内同类教材相比具有独创性和先进性的特点。对于自动化类专业、电子信息类专业及非电类专业学生来说,掌握一种以上 CAD 软件的使用,是教学大纲上要求达到的基本目标之一。

本书分四章编写,第一章简明扼要地介绍了 KHDL-1 型电路原理实验箱等仪器使用方法和电子仿真软件 Multisim 7 的快速入门知识;第二章根据胡翔骏编写的教材《电路分析》各章节内容及教学大纲的要求,编写了 16 个相关实验;每三章根据《电工学》各章节内容及教学大纲的要求,编写了 9 个相关实验;第四章为附录,收录了部分常用电子元器件和电气图用图形符号以及电子仿真软件 Multisim 7 的元件库及相关参考资料。

本书由胡叶民承担第一章和第二章理论内容的编写;朱利洋承担所有实验内容的编写;樊楼英、沈世耀承担第三章理论及第四章附录内容的编写;赵小杰教授对本书提出了许多宝贵的建议,并对全书作了审校;彭亦稽负责相关资料查阅收集。本书在编写过程中,得到了丽水学院特色教材建设资金出版资助。得到了院长助理申世英教授,丽水学院叶寿林教授的大力支持,谨此对他们深表谢意。

由于时间匆促,加上实验条件和编者水平所限,书中难免会出现差错和疏漏,恳请读者批评指正。

编　者
2010 年 7 月

目　　录

第一章　电路原理实验箱和电子仿真软件使用方法

第一节　KHDL-1 型电路原理实验箱及常用仪器使用方法

§1.1.1　实验目的

1. 熟悉 KHDL-1 型电路原理实验箱使用方法。
2. 学会 DF1641B1 型函数信号发生器、YB43020B 型双踪示波器和 MF-500 型万用表的正确使用。
3. 初步掌握在 KHDL-1 型电路原理实验箱上做一些简单的实验。

§1.1.2　实验准备

1. KHDL-1 型电路原理实验箱简介

KHDL-1 型电路原理实验箱它包括 8 个独立的实验项目区；一个机动接线插孔区和可选元件框，可供自行设计实验；实验箱还备有直流电压源、直流恒流源和直流数字毫安表。KHDL-1 型电路原理实验箱面板如图 1.1.1 所示。

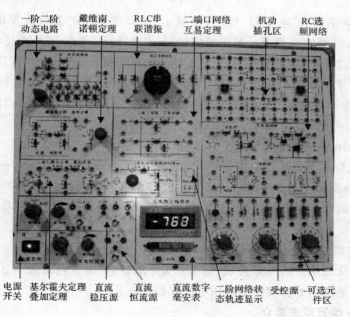

图 1.1.1

2. DF1641B1 型函数信号发生器简介

DF1641B1 型函数信号发生器可以输出方波、三角波和正弦波供电路分析实验。其面板的一些主要功能按钮说明如图 1.1.2 所示。

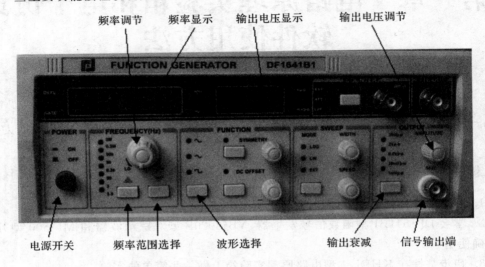

图 1.1.2

DF1641B1 型函数信号发生器操作要点：

（1）按下红色"电源开关"按钮，接通电源，面板相关指示灯亮。

（2）先轻按"波形选择"微动开关，选择所需波形，相应绿灯点亮。

（3）粗选频率量程，轻按"频率范围选择"的"向上▲"或"向下▼"微动开关，左侧相应频率量程指示灯亮。

（4）旋转"频率调节"电位器，使"频率显示"窗口所显示的是你需要的值，同时要注意"频率显示"窗口右侧的两盏指示频率单位的"Hz"和"kHz"灯的亮灭情况，否则"频率显示"窗口显示同一数据频率却相差 1000 倍。旋钮左转频率降低，右转频率升高。

（5）根据要求输出信号大小，轻按"输出衰减"按钮，粗选输出信号量程。

（6）旋转"输出幅度调节"电位器，使输出信号大小达到所需求的值，"输出电压显示"指示的是输出信号电压峰一峰值。

3. YB43020B 型双踪示波器简介：

YB43020B 型双踪示波器的频宽 $0\sim20\text{MHz}$；垂直灵敏度 $2\text{mV/div}\sim10\text{V/div}$。扫描系统采用全频带触发式自动扫描电路，并具有交替扩展扫描功能，实现二踪四迹显示。具有丰富的触发功能，如交替触发、TV－H、TV－V 等。其面板的一些主要功能按钮说明如图 1.1.3 所示。

4. DF2175 型交流毫伏表简介

DF2175 型交流毫伏表外形美观、电子开关手感好，其测量范围为 $30\mu\text{V}\sim300\text{V}$；面板如图 1.1.4 所示，是电路分析实验室常用电子仪器之一。

5. MF-500 型万用表简介

MF-500 型万用表主要用来测量交、直流电压和电流；还可用来测电阻等，是实验室最

聚焦 辉度 工作方式 垂直移位 水平移位 触发方式 触发电平

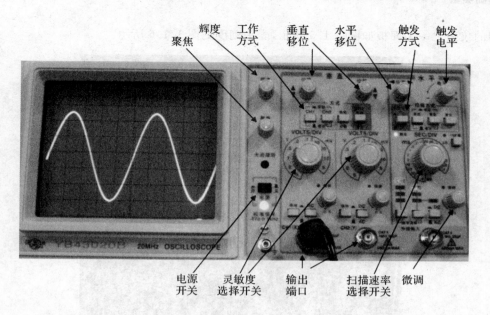

电源开关 灵敏度选择开关 输出端口 扫描速率选择开关 微调

图 1.1.3

图 1.1.4

3

常用的仪表之一。面板如图 1.1.5 所示,表头刻度见图 1.1.6 所示。

图 1.1.5

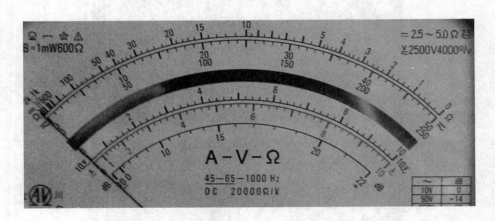

图 1.1.6

6. MF-500 型万用表使用注意事项

(1) MF-500 型万用表面板图 1.1.5 中,左右两只大旋钮配合旋转,用来选择测交、直流电压和电流以及用来测电阻。特别要引起注意的是:绝对不能把万用表拨在电阻挡去测220V 交流电!瞬间将烧毁万用表。也不能把万用表拨在电流挡去并联测电压!拨在电流挡应串入电路测电流;拨在电压挡应并联电路测电压。

（2）在不明电路中电流大小或电压高低情况下，先用量程高挡位测，然后才能逐渐减小量程挡位。

（3）表头刻度图1.1.6中，最外一条刻度弧线是用来读取电阻欧姆大小的，右边起始为零欧姆，在测电阻前应将两表笔并接在一起，然后调整图1.1.5下方标有"Ω"的旋钮，使表头指针位于右侧零刻度处，称"电阻调零"，否则测量结果存在误差。

（4）表头刻度图1.1.6中，第二条刻度弧线是用来读取交、直流电压和电流大小的，左边起始为零，如果发现指针没有位于零刻度处，应用小螺丝刀小心地稍微左右调整一下图1.1.5表头下方小旋钮，使表头指针位于左侧零刻度处，称"机械调零"，否则测量结果也存在误差。

（5）再往下第三条刻度弧线是交流10V专用线，第四条红色刻度弧线是交流10A专用线，最后一条为测音频电平分贝专用线，这3条线一般不常用。

（6）红表笔插在"⊕"孔内；黑表笔插在" * "孔内，不能插错，否则有可能反偏打弯表针；红表笔接的是内部电池负极；黑表笔接的是内部电池正极。

（7）平时不用时，最好将万用表两个大旋钮置电压或电流挡，不要置欧姆挡，以免两表笔长期相碰在一起，消耗电池或引起电池发热腐烂。

§1.1.3 实验室操作实验内容和步骤

1. 正弦波形观察

（1）将DF1641B1型函数信号发生器设置成 $f=1\text{kHz}$ 正弦波形信号，并用DF2175型交流毫伏表测其输出电压，调节函数信号发生器的"输出幅度调节"旋钮，使输出电压约为1V左右，直接输入YB43020B型双踪示波器通道"CH1"。

（2）调整YB43020B型双踪示波器相关旋钮，使示波器屏幕上出现如图1.1.3所示相似波形，要求正弦波形峰—峰值占垂直方向5～6大格左右。

（3）在示波器屏幕上读出正弦波形峰—峰值和周期，并将示波器所置"灵敏度选择开关"和"扫描速率选择开关"挡位作记录；算出正弦波的有效值，并与函数信号发生器的输出电压作比较。

2. KHDL-1型电路原理实验箱的使用

（1）认读色环电阻：

根据5环色环电阻表示法（参阅附录4.3相关内容），读出KHDL-1型电路原理实验箱右下角5只色环电阻的阻值，并与旁边的标注值比较，再和用万用表实测值比较。

（2）测稳压管2CW51的稳压值：

1）在KHDL-1型电路原理实验箱上按图1.1.6接好实验电路。

2）直流电压0～10V取自KHDL-1型电路原理实验箱左下角"直流稳压源0～30V"插孔，"输出粗调"置"0～10V"位置，先将"输出细调"旋钮逆时针旋到底，然后慢慢顺时针旋加电压；电流表用KHDL-1型电路原理实验箱下方"直流数字毫安表"，按下"20mA"挡；电压表用VC890D型万用表直流20V挡，黑表笔接稳压管负极，红表笔接稳压管正极。

3）当逐渐加大直流电压时，图1.1.6中数字毫安表指示逐渐增大，当达到10mA时，记下电压表的值，该值就定义为2CW51的稳压值。

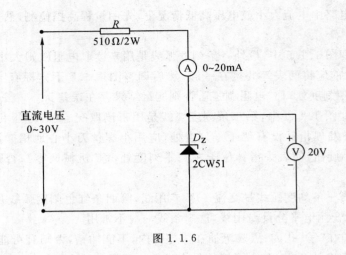

图 1.1.6

（3）测量发光二极管：

1）在 KHDL-1 型电路原理实验箱上按图 1.1.7 接好实验电路。

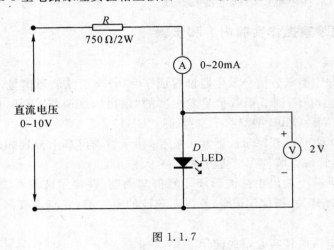

图 1.1.7

2）直流电压 0～10V 仍取自 KHDL-1 型电路原理实验箱左下角"直流稳压源 0～30V"插孔，"输出粗调"置"0～10V"位置，先将"输出细调"逆时针旋到底，然后慢慢向右旋加电压；电流表仍用 KHDL-1 型电路原理实验箱下方"直流数字毫安表"，按下"20mA"挡；电压表用 VC890D 型万用表直流 2V 挡，红表笔接发光二极管正极，黑表笔接发光二极管负极。

3）当图 1.1.7 中数字毫安表电流达到 5mA 时，发光二极管正常发光。记下这时电压表的值。

（4）测电阻分压电路：

1）将 KHDL-1 型电路原理实验箱右下角 5 个电阻相串联如图 1.1.8 所示。

2）在 5 个串联电阻两端接上 10V 直流电压，分别用万用表直流电压挡测出 V_{AE}、V_{BE}、V_{CE} 和 V_{DE} 的值。

3）根据分压公式计算出 V_{AE}、V_{BE}、V_{CE} 和 V_{DE} 的值，并与测量值作比较。

4）在 5 个串联电阻与 10V 电压之间串入 20mA 直流数字毫安表，测出电流，并计算值

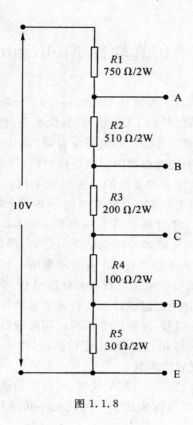

图 1.1.8

作比较。

§1.1.4 实验报告要求和思考题

1. 记录观察到的正弦波有效值、周期和示波器所置"灵敏度选择开关"和"扫描速率选择开关"挡位值。

2. 记录所测稳压管 2CW51 的稳压值。

3. 记录发光二极管的工作电流和工作电压,并回答所提问题。

4. 记录串联电阻分压值 V_{AE}、V_{BE}、V_{CE} 和 V_{DE}。

5. 为什么无法用万用表的电阻 1k 挡测量发光二极管的正、反向电阻?

§1.1.5 实验设备和材料

1. KHDL-1 型电路原理实验箱。

2. YB43020B 型双踪示波器。

3. DF1641B1 型函数信号发生器。

4. DF2175 型交流毫伏表。

5. MF-500 型万用表。

第二节 电子仿真软件 Multisim 7.0 简介

EWB(Electronics Workbench)是加拿大 Interactive Image Technologies 公司（简称 IIT 公司）于 1988 年推出的颇具特色的 EDA 软件,曾风靡全世界。到目前为止,超过 32 个国家、被译成 10 多种语言在使用。它以其界面形象直观、操作方便、分析功能强大、易学易用等突出优点,早在上世纪 90 年代就在我国得到迅速推广,许多大专院校把 EWB5.0 编入实验教材,作为电子类专业课程教学和实验的一种辅助手段。跨入 21 世纪初,加拿大 IIT 公司在保留原版本的优点基础上,增加了更多功能和内容,将 EWB 软件更新换代推出 EWB6.0 版本,称作 MultiSIM(意为多重仿真),也即 Multisim2001 版本;2003 年升级为 Multisim 7.0 版本。Multisim 7.0 版本的功能已十分强大,能胜任电路分析等课程的虚拟仿真实验。它有十分丰富的电子元器件库,可供用户调用组建仿真电路进行实验;它提供 18 种基本分析方法,可供用户对电子电路进行各种性能分析;它还有多达 17 台虚拟仪器仪表,可供用户对电路进行测试,并能通过仪器面板直观地显示各种波形数据。其中虚拟数字万用表、功率表、函数发生器、示波器、波特表等都可以用来进行电路分析仿真实验。尤其是 RLC 电路的过渡过程、电容的充放电过程等,由于时间短,用一般示波器很难观察到它的整个过程,用虚拟仪器就能比较理想地实现。

另外,三台虚拟"安捷伦"高精度电子测量仪器,也给我们进一步深入研究电路分析实验内容提供了极大的方便。下面就如何快速学会使用电子仿真软件 Multisim 7 进行电路分析虚拟仿真实验作一些介绍。

单击"开始/程序/Multisim 7"即可进入电子仿真软件 Multisim 7,首先出现它的启动画面如图 1.2.1 所示。

图 1.2.1

几秒钟后进入它的基本界面如图 1.2.2 所示。

基本界面最上方一行是主菜单栏(Menu Bar),共 11 项如图 1.2.3 所示。各主菜单中文译意见图 1.2.4。

主菜单栏下方一行左面为"系统工具栏(System Toolbar)"共 11 项如图 1.2.5 所示,各

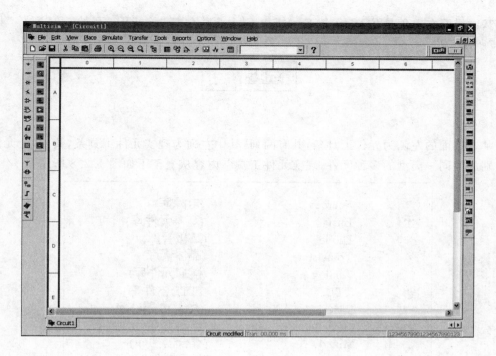

图 1.2.2

图 1.2.3

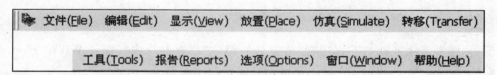

图 1.2.4

项工具含义与一般 Word 软件相同,无需说明。

图 1.2.5

　　中间为"设计工具栏(Multisim Design Bar)"共 8 项和"使用中的元件列表框(In Use List)"及"帮助按钮"如图 1.2.6 所示。它们都是一些快捷键图标,各项工具含义可在下面提到的各主菜单的下拉菜单中找到。

图 1.2.6

基本界面右上角是仿真开关（Simulate Switch），包括"停止"、"开始"和"暂停"如图1.2.7所示。

图 1.2.7

基本界面的左侧为元件工具条，共有两列：其中左列为现实元件工具条，共 13 个元件库中分别放置同一类型的多种元件，现实元件工具条内容从上至下如图 1.2.8 所示。

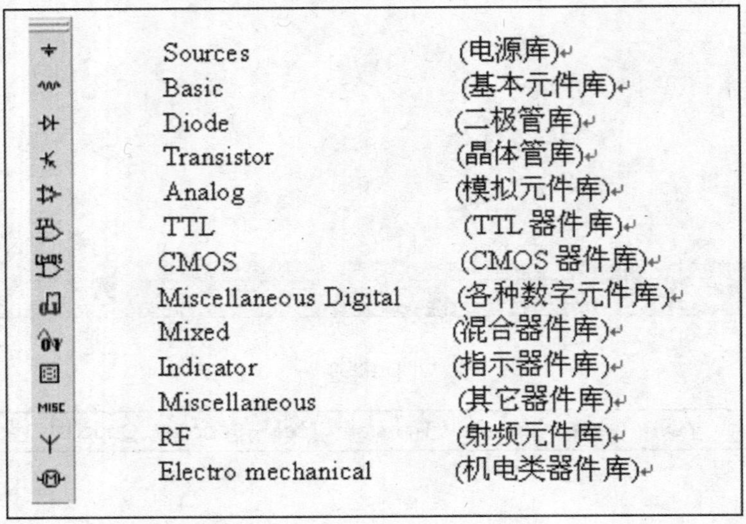

Sources	(电源库)
Basic	(基本元件库)
Diode	(二极管库)
Transistor	(晶体管库)
Analog	(模拟元件库)
TTL	(TTL 器件库)
CMOS	(CMOS 器件库)
Miscellaneous Digital	(各种数字元件库)
Mixed	(混合器件库)
Indicator	(指示器件库)
Miscellaneous	(其它器件库)
RF	(射频元件库)
Electro mechanical	(机电类器件库)

图 1.2.8

另外，现实元件工具条下方还有"放置分层模块"、"放置总线"、登录 WWW. Electronics Workbench.com 和 www.EDApart,com 网站 4 个功能按钮。

右列（呈青色）为虚拟元件工具条，共 10 个虚拟元件库，其内容从上至下如图 1.2.9 所示。

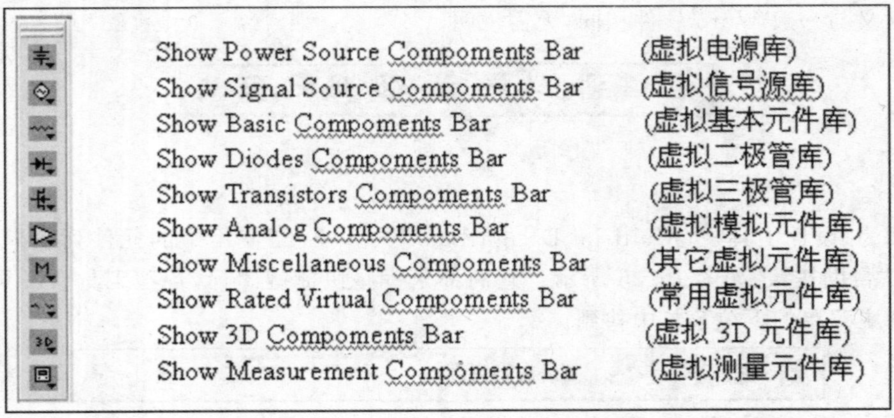

Show Power Source Compoments Bar	(虚拟电源库)
Show Signal Source Compoments Bar	(虚拟信号源库)
Show Basic Compoments Bar	(虚拟基本元件库)
Show Diodes Compoments Bar	(虚拟二极管库)
Show Transistors Compoments Bar	(虚拟三极管库)
Show Analog Compoments Bar	(虚拟模拟元件库)
Show Miscellaneous Compoments Bar	(其它虚拟元件库)
Show Rated Virtual Compoments Bar	(常用虚拟元件库)
Show 3D Compoments Bar	(虚拟 3D 元件库)
Show Measurement Compoments Bar	(虚拟测量元件库)

图 1.2.9

　　基本界面右侧为虚拟仪器、仪表工具条,该工具条含有 17 种用来对电路工作状态进行测试的仪器、仪表和"动态测量探针"。"动态测量探针"平时呈灰色,只有"仿真开关"开启后呈黄色才可调出使用。17 种测量仪器、仪表和"实时测量探针"从上至下如图 1.2.10 所示。

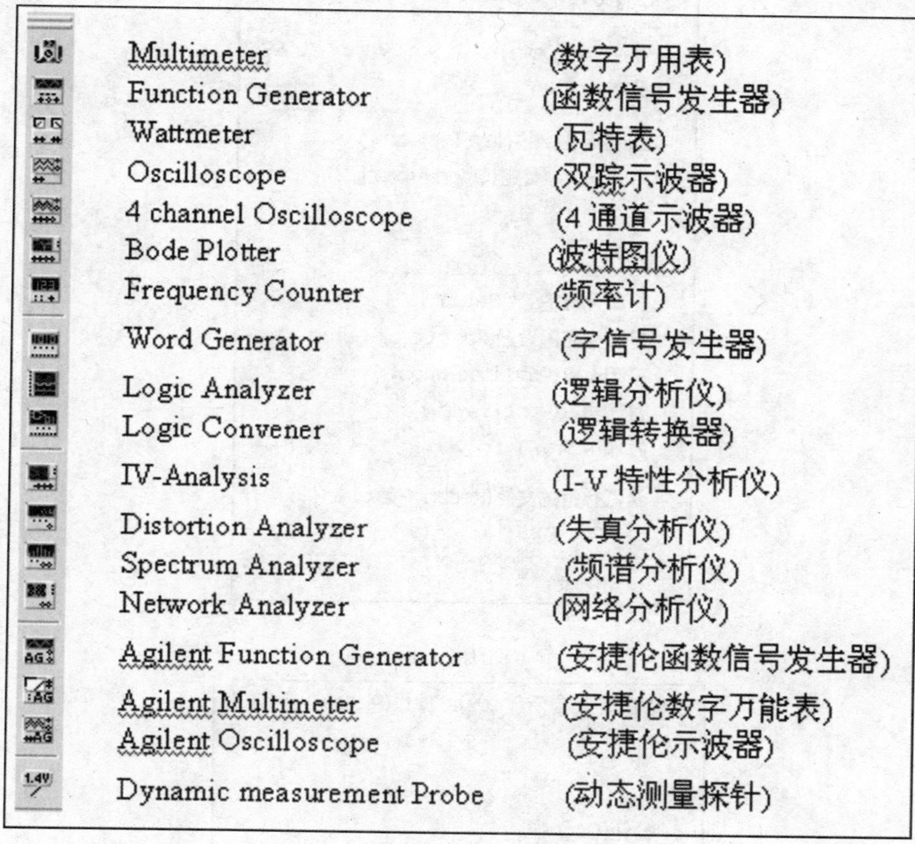

Multimeter	(数字万用表)
Function Generator	(函数信号发生器)
Wattmeter	(瓦特表)
Oscilloscope	(双踪示波器)
4 channel Oscilloscope	(4 通道示波器)
Bode Plotter	(波特图仪)
Frequency Counter	(频率计)
Word Generator	(字信号发生器)
Logic Analyzer	(逻辑分析仪)
Logic Convener	(逻辑转换器)
IV-Analysis	(I-V 特性分析仪)
Distortion Analyzer	(失真分析仪)
Spectrum Analyzer	(频谱分析仪)
Network Analyzer	(网络分析仪)
Agilent Function Generator	(安捷伦函数信号发生器)
Agilent Multimeter	(安捷伦数字万能表)
Agilent Oscilloscope	(安捷伦示波器)
Dynamic measurement Probe	(动态测量探针)

图 1.2.10

　　基本界面的中间空白部分即电路窗口,也称 Workspace,相当于一个电子工作平台,仿真电路图的编辑绘制、分析及波形数据显示等都将在此窗口中进行。

　　另将电子仿真软件 Multisim 7.0 各主菜单的具体内容中文译意列在下面供读者参考:

　　打开主菜单"文件(File)"的下拉菜单内容如图 1.2.11 所示。

　　打开主菜单"编辑(Edit)"的下拉菜单内容如图 1.2.12 所示。

　　打开主菜单"显示(View)"的下拉菜单内容如图 1.2.13 所示。

　　打开主菜单"显示(View)"里的"工具条(Toolbars)"下级菜单内容如图 1.2.14 所示。

　　打开主菜单"放置(Place)"的下拉菜单内容如图 1.2.15 所示。

　　打开主菜单"放置(Place)"里的"制图(Graphics)"下级菜单的内容如图 1.2.16 所示。

　　打开主菜单"仿真(Simulate)"的下拉菜单内容如图 1.2.17 所示。

　　打开主菜单"仿真(Simulate)"里的"仪器设备(Instruments)"下级菜单内容如图 1.2.18 所示。

图 1.2.11

图 1.2.12

图 1.2.13

图 1.2.14

图 1.2.15

图 1.2.16

图 1.2.17

图 1.2.18

打开主菜单“仿真(Simulate)”里的“分析方法(Analysis)”下级菜单内容如图 1.2.19 所示。

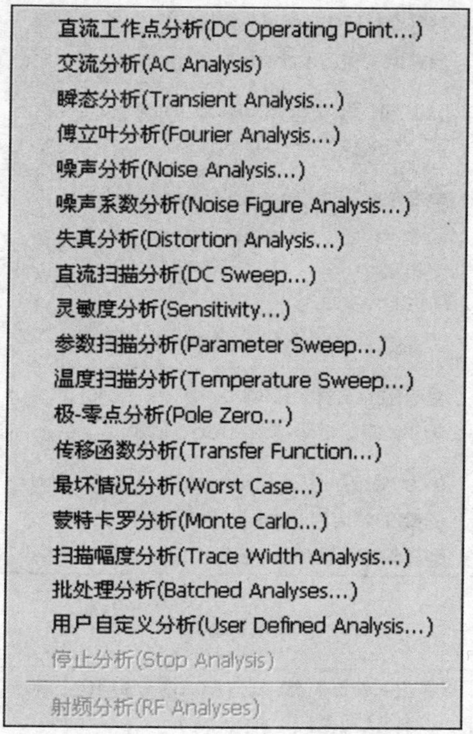

直流工作点分析(DC Operating Point...)
交流分析(AC Analysis)
瞬态分析(Transient Analysis...)
傅立叶分析(Fourier Analysis...)
噪声分析(Noise Analysis...)
噪声系数分析(Noise Figure Analysis...)
失真分析(Distortion Analysis...)
直流扫描分析(DC Sweep...)
灵敏度分析(Sensitivity...)
参数扫描分析(Parameter Sweep...)
温度扫描分析(Temperature Sweep...)
极-零点分析(Pole Zero...)
传移函数分析(Transfer Function...)
最坏情况分析(Worst Case...)
蒙特卡罗分析(Monte Carlo...)
扫描幅度分析(Trace Width Analysis...)
批处理分析(Batched Analyses...)
用户自定义分析(User Defined Analysis...)
停止分析(Stop Analysis)
射频分析(RF Analyses)

图 1.2.19

打开主菜单“转移(Transfer)”的下拉菜单内容如图 1.2.20 所示。

转移(Transfer) 工具(Tools) 报告(Reports) 选项(Options) 窗口(Windo
传递到Ultiboard7(Transfer to Ultiboard V7)
传递到Ultiboard2001(Transfer to Ultiboard 2001)
传递到其它电路板(Transfer to other PCB Layout)
修改UltiboardV7注释文件(Forward Annotate to Ultiboard V7)
创建UltiboardV7注释文件(Backannotate from Ultiboard V7)
加亮所选择区域(Highlight selection in Ultiboard V7)
输出仿真结果到MathCAD文件(Export Simulation Results to MathCAD)
输出仿真结果到电子表格(Export Simulation Results to Excel)
输出网络表(Export Netlist)

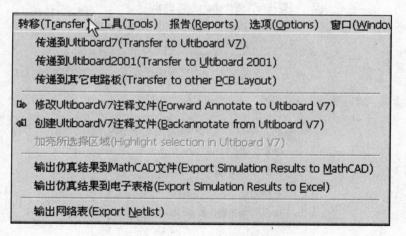

图 1.2.20

打开主菜单“工具(Tools)”的下拉菜单内容如图 1.2.21 所示。

打开主菜单“报告(Reports)”的下拉菜单内容如图 1.2.22 所示。

图 1.2.21

图 1.2.22

打开主菜单"选项(Options)"的下拉菜单内容如图 1.2.23 所示。

图 1.2.23

打开主菜单"窗口(Window)"的下拉菜单内容如图 1.2.24 所示。

打开主菜单"帮助(Help)"的下拉菜单内容如图 1.2.25 所示。

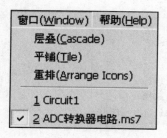

图 1.2.24

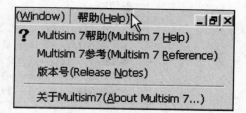

图 1.2.25

另外,用鼠标右击电路窗口空白处,会弹出快捷菜单如图 1.2.26 所示。

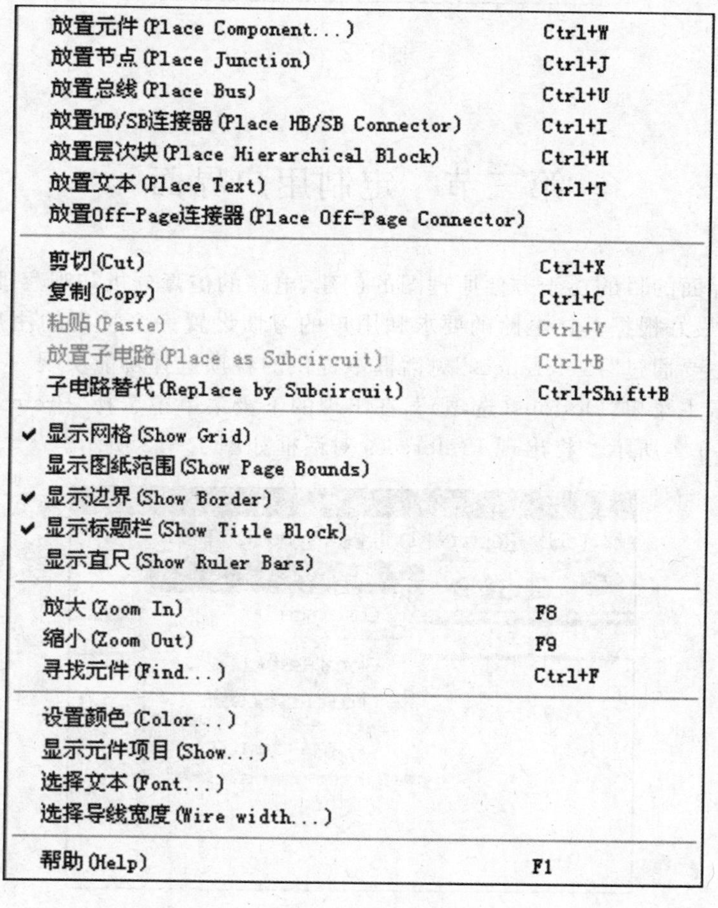

放置元件 (Place Component...)	Ctrl+W
放置节点 (Place Junction)	Ctrl+J
放置总线 (Place Bus)	Ctrl+U
放置HB/SB连接器 (Place HB/SB Connector)	Ctrl+I
放置层次块 (Place Hierarchical Block)	Ctrl+H
放置文本 (Place Text)	Ctrl+T
放置Off-Page连接器 (Place Off-Page Connector)	
剪切 (Cut)	Ctrl+X
复制 (Copy)	Ctrl+C
粘贴 (Paste)	Ctrl+V
放置子电路 (Place as Subcircuit)	Ctrl+B
子电路替代 (Replace by Subcircuit)	Ctrl+Shift+B
✔ 显示网格 (Show Grid)	
显示图纸范围 (Show Page Bounds)	
✔ 显示边界 (Show Border)	
✔ 显示标题栏 (Show Title Block)	
显示直尺 (Show Ruler Bars)	
放大 (Zoom In)	F8
缩小 (Zoom Out)	F9
寻找元件 (Find...)	Ctrl+F
设置颜色 (Color...)	
显示元件项目 (Show...)	
选择文本 (Font...)	
选择导线宽度 (Wire width...)	
帮助 (Help)	F1

图 1.2.26

用鼠标右击元件或虚拟仪器仪表图标,会弹出快捷菜单如图 1.2.27 所示。

剪切(Cut)	Ctrl+X
复制(Copy)	Ctrl+C
水平翻转(Flip Horizontal)	Alt+X
垂直翻转(Flip Vertical)	Alt+Y
顺时针旋转(90 Clockwise)	Ctrl+R
逆时针旋转(90 CounterCW)	Shift+Ctrl+R
设置颜色(Color...)	
选择文本(Font...)	
编辑符号(Edit Symbol)	
帮助(Help)	F1

图 1.2.27

第三节　定制用户界面

定制用户界面的目的在于方便原理图的创建、电路的仿真分析和观察理解。因此,创建一个电路之前,最好根据具体电路的要求和用户的习惯设置一个特定的用户界面。定制用户界面的操作主要通过"Preferences"对话框中提供的各项选择功能实现。

用鼠标点击主菜单"Options(选项)",在出现的下级菜单中选择"Preferences···(参数选择)"项,如图 1.3.1 所示。将出现 Prefereces 对话框如图 1.3.2 所示。

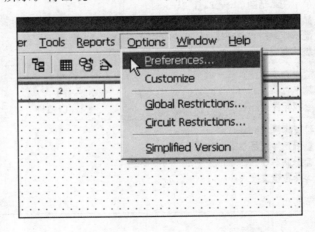

图 1.3.1

Prefereces 对话框一共有 8 页内容可供设置。默认页为"Circuit(电路)"见图 1.3.2,这一页有两项内容,上方"Show"栏内有 5 个复选框,可以根据需要设置元件的标注内容,这一栏暂时可不去设置;下方"Color"栏可以根据自己喜好设置电路图纸及元件、连接导线等的颜色。图 1.3.2 中默认背景图纸的颜色为白色(White Background),下方预览窗口中可以看到在白色背景图纸上画有一个简单示意电路图,其中真实元件二极管 D_1 和电阻 R_1 为蓝

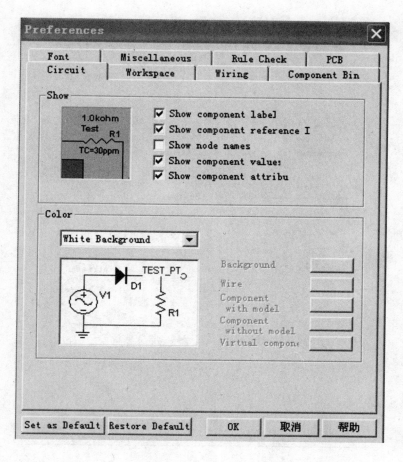

图 1.3.2

色;虚拟元件电源 V_1 和接地符号为黑色;连接导线为红色等,如果就用该默认设置,则该页两项内容都可以不作任何设置。

如果要对背景图纸颜色和元件、导线颜色等设置,可点击 White Background 右面下拉箭头,可出现 5 种设置供选择,其中 4 种分别为:白色背景图纸和各色元件;黑色背景图纸和各色元件;白色背景图纸和黑色元件;黑色背景图纸和白色元件都是固定不变的。如果选取其中"Custom"(自定义)项,则预览窗口右方 5 种元件及对应的颜色可任意选择。

Prefereces 对话框中的 Workspace 页如图 1.3.3 所示,该页有 3 栏内容:上方"Show"栏中的"Show grid"前的复选框建议勾选,见图 1.3.3 箭头所示,即在电路窗口显示栅格,从左侧预览窗口可以看到电路图纸上出现许多栅格点,便于连接元件组成电路。

中间"Sheet size"栏中的下拉箭头可供选择不同尺寸大小的电路图纸;"Orientation"栏下可选择电路图纸竖放或横放;在"Custom size"栏中选取图纸单位为英寸或厘米后,框中会自动显示图纸宽和高的尺寸数据。

下方"Zoom level"栏可单选图纸缩放比例,默认值为 100%。

Prefereces 对话框中的"Component Bin"页是选择放置元件方式的设置如图 1.3.4 所

19

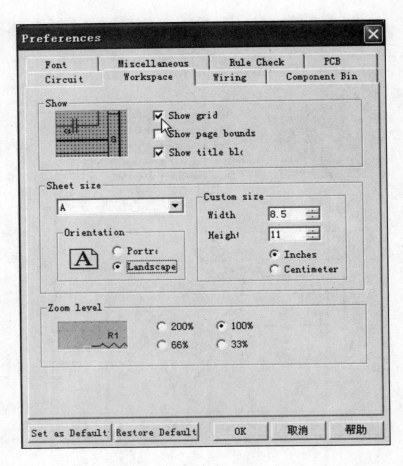

图 1.3.3

示。共有两项内容需要设置："Place component mode"栏有 3 个单选项,建议单选最后一项 "Continuous placement (ESC to quit),即用鼠标左键每点击电路窗口一次可放置一个元件,连续点击鼠标可连续放置多个同一元件,结束时可按"ESC"键或点击鼠标右键退出。

Prefereces 对话框中的"Symbol standard"栏是选取所采用的元器件符号标准模式的设置,其中的 ANSI 选项采用美洲标准模式,而 DIN 选项采用欧洲标准模式。由于我国的元件电气符号标准与欧洲标准相近,应选择欧洲标准模式 DIN,见图 1.3.4 箭头所示。

以上 3 页内容设置完成后,需先单击 Prefereces 对话框左下角"Set as Default"按钮,再单击"OK"按钮退出,即可将设置内容保存起来,以后再次启动软件时可不必重新设置。

其他还有 5 页设置内容,对一般初学者关系不大,如有兴趣可参阅有关书籍介绍或单击每页右下角"帮助"按钮了解设置内容和方法,此处不作介绍。

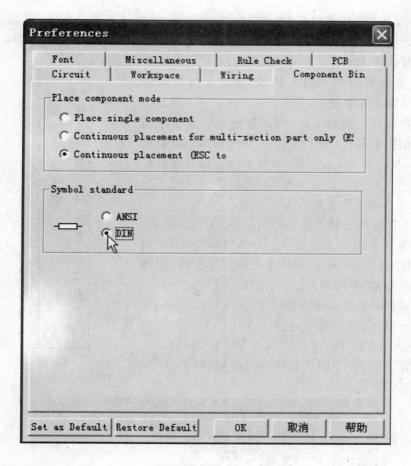

图 1.3.4

第四节 调出和连接电子元件操作

定制好电子仿真软件 Multisim 7 基本界面后,就可以在电路窗口中调出元件、搭建仿真电路了。

1. 调出元件及放置元件操作(以调出电阻元件为例)

(1) 单击元件工具条中的"Basic(基本元件库)"按钮如图 1.4.1 所示,将弹出如图1.4.2所示选择元件"Select a Component"对话框。

(2) 对话框左侧 Family 栏下,分门别类列出了各种常用分立电子元件,比如选取电阻"RESISTOR"后,中间 Component 栏下,列出了现实存在的各种阻值电阻可供直接调用,如选中"1000hm_5％"电阻,见图 1.4.3 所示,右上角预览框中可显示出电阻模型,单击对话框右上角"OK"按钮,鼠标箭头即可带出一个"1000hm_5％"电阻,移动鼠标在电路窗口合适位置单击鼠标左键,即可将"1000hm_5％"电阻放置在图纸上,如图 1.4.4 所示。

(3) 在电路窗口多次点击鼠标左键可连续放置该电阻;右击鼠标可结束放置。电子仿

21

真软件 Multisim 7.0 中电阻单位"Ω"用"0hm"三个字母表示,如刚才选中的"1000hm_5％"电阻,其实是 100 Ohm_5％,即表示 100Ω 电阻、误差等级±5％。在调用 1kΩ 以下阻值电阻时需特别注意,这是电子仿真软件 Multisim 7.0 的不足之处。

(4)要在窗口中移动电阻,可用鼠标左键点击电阻图形,电阻元件四周将出现 4 个小黑方块,表示该电阻处于激活状态,见图 1.4.5 左上角,按住鼠标左键将电阻移动到右下角所在位置然后放开鼠标左键,即完成电阻的移动见图 1.4.5 箭头位置所示。

(5)若要删除或旋转电阻,可用鼠标右击电阻图形,将弹出快捷菜单如图 1.4.6 所示。点击"Cut"即可将电阻删除;点击"90 Clockwise"可将电阻顺时针旋转 90°竖放,快捷菜单其他功能可参阅图1.2.27内容。

(6)若需要电容和电感,同样可以在图 1.4.3 对话框左侧"Family"栏下,选取普通电容"CAPACITOR"、电解电容"CAP_ELECTROLIT"、可变电容"VARIABLE_CAPA…"、普通电感"INDUCTOR"、可变电感"VARIABLE_INDU…"等等。

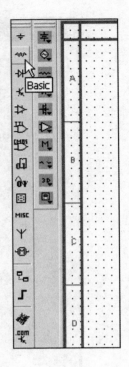

图 1.4.1

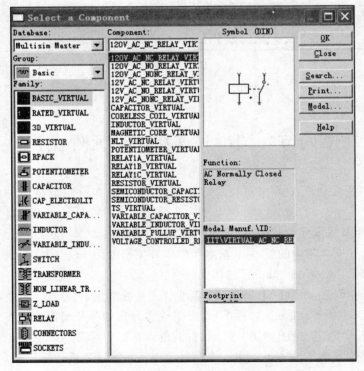

图 1.4.2

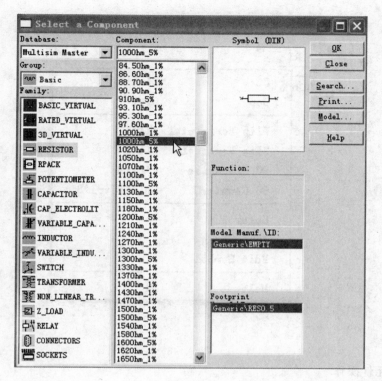

图 1.4.3

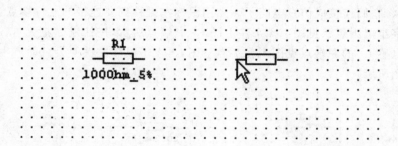

图 1.4.4

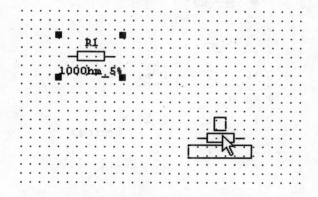

图 1.4.5

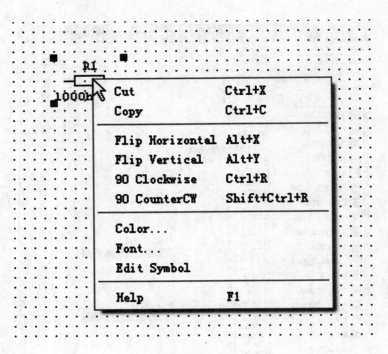

图 1.4.6

2. 连接元件操作

（1）在设计窗口图纸上调出元件并移动调整摆好位
置后，就可以将它们连接成仿真电路了。先用鼠标左键移到要连接的元件端点上，鼠标由箭头变成带十字小黑圆点状见图 1.4.7 左上图 R_1 右端点所示，按住鼠标左键向右沿着栅格点拉出虚线到电感 L_1 的左端点见图 1.4.7 右上图，再点击鼠标左键便会自动产生红色连线见图 1.4.7 下图所示。

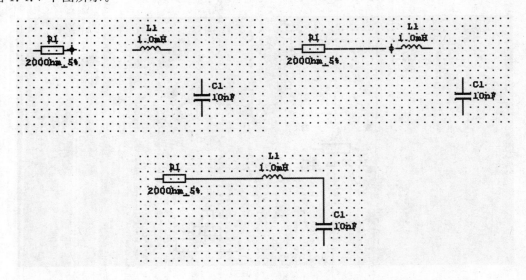

图 1.4.7

（2）有时需要将 4 个元件连在一起如图 1.4.8 所示，两两相连没有产生红色结点是"虚接"，如图 1.4.8 左图所示，必须先将其中任意 3 个元件端点连好再连第 4 个元件如图 1.4.8 右图所示，"虚接"会造成仿真出错。

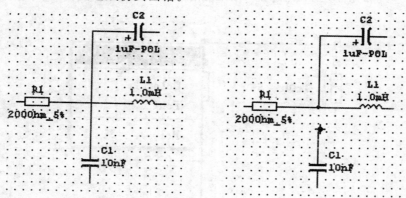

图 1.4.8

（3）连接电路时还要注意元件与连线之间要留有适当的栅格点，避免"虚接"造成仿真出错，图 1.4.9 左上图和右上图中，鼠标箭头所指两处都是错误的，正确连法见图 1.4.9 下图所示，这两点必须引起注意。

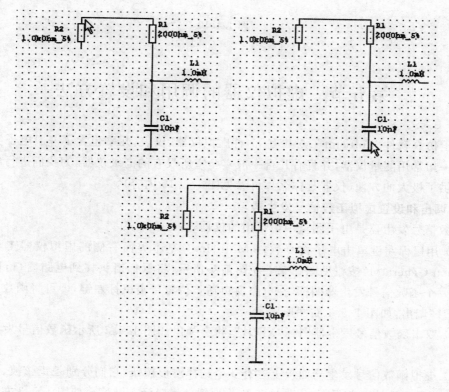

图 1.4.9

25

（4）要删除错误连线，可用鼠标右击该连线，连线被激活（有小黑方块表示该连线（也包括元件）处于激活状态）并将弹出快捷菜单如图 1.4.10 所示，点击"Delete"即可将连线删除。或只要连线和元件处于激活状态，按下键盘上的"Delete"键也可以将它们删除。

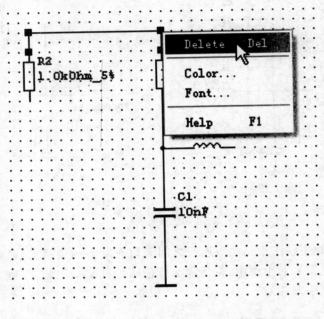

图 1.4.10

第五节　虚拟仪器的调用和设置方法

电子仿真软件 Multisim 7.0 共有 17 种虚拟仪器、仪表，几乎包含了一般电子实验室所具有的一切常用测量仪器，并且有几台一般实验室所没有的高级仪器，为我们进行电子电路仿真提供了极大的方便（仪器具体名称可参见图 1.2.10 内容）。

1. 调出和设置虚拟函数信号发生器

函数信号发生器是电子测量中最常用的仪器之一。

（1）用鼠标左键单击电子仿真软件 Multisim 7 基本界面右侧的虚拟仪器工具条中的"Function Generator"按钮见图 1.5.1 左图箭头所示，将鼠标箭头移到电路窗口，鼠标箭头将带出一个函数信号发生器图标，在电路窗口适当位置单击鼠标左键，即可将函数信号发生器"XFG1"调出，如图 1.5.1 右图所示。

（2）双击函数信号发生器图标"XFG1"，将会弹出如图 1.5.2 所示函数信号发生器放大面板图。

（3）虚拟函数信号发生器面板上方有 3 个选择波形按钮，它们分别是正弦波、三角波和方波，在确定所选波形前提下（以选取正弦波为例），将鼠标左键移至如图 1.5.3 左图空白处位置，鼠标呈手指状，点击鼠标左键会出现上、下箭头如图 1.5.3 右图所示，用鼠标左键点击

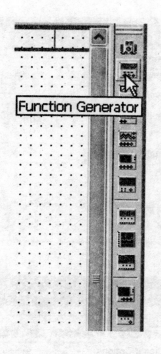

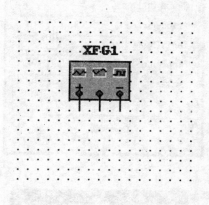

图 1.5.1

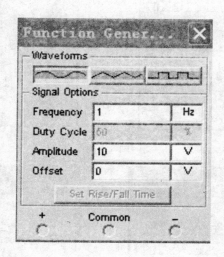

图 1.5.2

上、下箭头可"递增"或"递减"以设置正弦波频率大小。

（4）将鼠标左键移至如图 1.5.4 左图位置,点击鼠标左键会出现选择正弦波频率单位列表如图 1.5.4 右图所示,可选取正弦波频率单位。

（5）将鼠标左键移至如图 1.5.5 左图位置,点击鼠标左键会出现上、下箭头可设置正弦波振幅大小（有效值）;将鼠标左键移至如图 1.5.5 右图位置,点击鼠标左键可设置正弦波振幅电压单位。

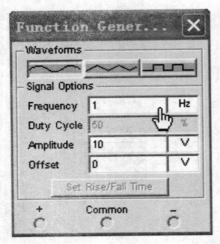
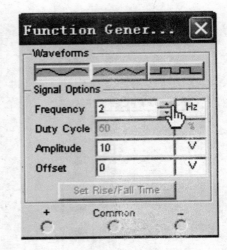

图 1.5.3

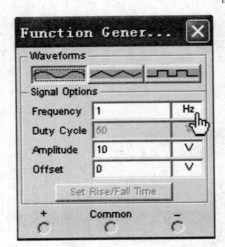
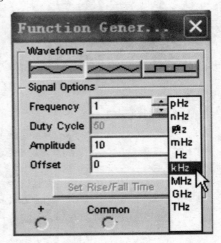

图 1.5.4

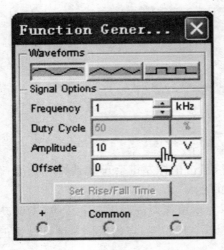
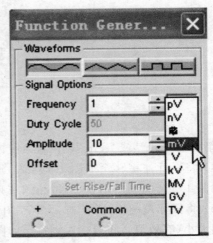

图 1.5.5

（6）当选择三角波和方波信号时，"Duty Cycle（占空比）"和"Set Rise/Time（设置上升/下降时间）"栏才有显示；"偏置电压"栏设置可指定将正弦波、三角波和方波信号叠加到设置的偏置电压上输出。

（7）放大面板下方为虚拟函数信号发生器输出端。若公共端接地（Common），"＋"端将输出正极性幅值信号；若公共端接地，"－"端将输出负极性幅值信号；若公共端接地，"＋"端和"－"端可同时输出一对差模信号。

（8）虚拟函数信号发生器各项内容设置后，即使关闭了放大面板窗口，其设置的内容仍保持不变。

2. 调出和设置虚拟双踪示波器

双踪示波器也是电子测量中使用最频繁的仪器之一。

（1）用鼠标左键单击电子仿真软件 Multisim 7 的虚拟仪器工具条中的"Oscilloscope"按钮见图 1.5.6 左图箭头所示，鼠标箭头将带出一个示波器图标，在电路窗口适当位置单击鼠标左键，即可将虚拟双踪示波器"XSC1"调出，如图 1.5.6 右图所示。

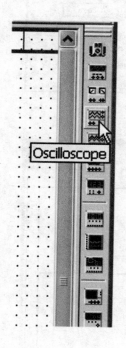
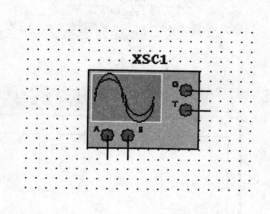

图 1.5.6

（2）双击虚拟双踪示波器图标"XSC1"，将会弹出如图 1.5.7 所示"虚拟双踪示波器"放大面板图，虚拟双踪示波器放大面板默认的屏幕为黑色。

（3）点击屏幕右下角"Reverse"按钮，可将屏幕切换成白色。为便于介绍仪器面板栏目内容，现以一个具体的仿真例子所显示的波形为例作说明，如图 1.5.8 所示。

1）虚拟双踪示波器面板栏目内容和真实双踪示波器面板相仿，下方"Timebase"栏刻度相当于真实双踪示波器的"扫描速率选择开关"旋钮，将鼠标左键移到刻度栏右侧空白处见图 1.5.9 左图，点击鼠标左键即出现上、下箭头见图 1.5.9 右图，点击上、下箭头可以调整扫

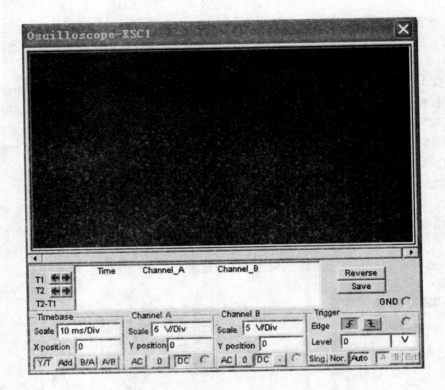

图 1.5.7

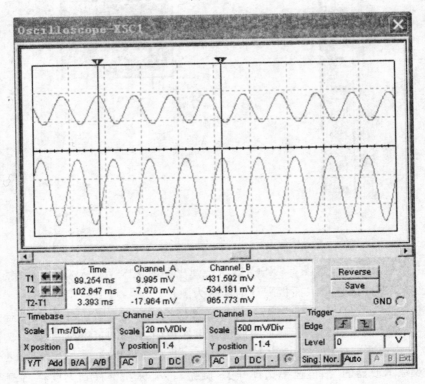

图 1.5.8

速快慢,同时屏幕上所显示的波形会随着变成密或疏。扫速的快或慢设置决定于要观察波形的频率低或高,"Div"指屏幕上水平方向一格虚线框长度。

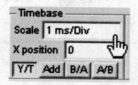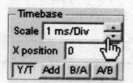

图 1.5.9

最下面的"Y/T"按钮表示:用 Y 轴方向显示 A、B 通道的输入信号,X 轴方向显示时间基线。

"Add"按钮表示:X 轴按设置的时间进行扫描,而 Y 轴方向显示 A、B 通道的输入信号之和。

"B/A"按钮表示:A 通道信号作为 X 轴扫描信号,将 B 通道信号施加在 Y 轴上。

"A/B"按钮表示:B 通道信号作为 X 轴扫描信号,将 A 通道信号施加在 Y 轴上,用这两种模式可以用来观察李沙育图形。

2)"Channel"栏刻度相当于真实双踪示波器的"灵敏度选择开关"旋钮,将鼠标左键移到"Channel A"的"Scale"栏右侧空白处见图 1.5.10 左图,点击鼠标左键即出现上、下箭头见图 1.5.10 右图,点击上、下箭头可以用来调整"Channel A"的电压量程大小,同时屏幕上所显示的波形幅度会随着变小或变大。电压量程大小调整由屏幕上能观察到最佳波形为准。

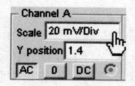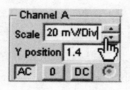

图 1.5.10

将鼠标左键移到"Channel A"的"Y position"栏右侧空白处见图 1.5.11 左图,点击鼠标左键即出现上、下箭头见图 1.5.11 右图,上、下箭头可以用来移动"Channel A"波形的垂直方向位置,正值表示波形位于屏幕水平中线上方;负值表示波形位于屏幕水平中线下方。

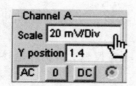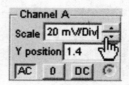

图 1.5.11

"Channel B"的设置情况与上述"Channel A"完全相同,不再赘述。

3）用鼠标左键箭头移到虚拟双踪示波器面板屏幕的左上角，按住"读数指针 T1"的红色小三角将其拉到如图 1.5.12 所示"Channel A"波形的峰顶位置，拉动过程中屏幕下方相关数据会跟着变化。再将屏幕的右上角"读数指针 T2"的蓝色小三角拉到如图 1.5.12 所示"Channel B"波形的峰顶位置。

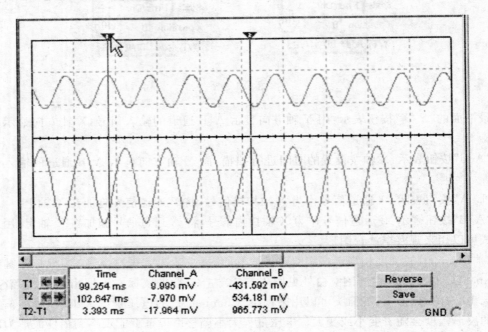

	Time	Channel_A	Channel_B
T1 ←→	99.254 ms	9.995 mV	-431.592 mV
T2 ←→	102.647 ms	-7.970 mV	534.181 mV
T2-T1	3.393 ms	-17.964 mV	965.773 mV

Reverse
Save
GND

图 1.5.12

4）从图 1.5.12 的屏幕下方 T1 行右侧的"Channel_A"下方显示的数据"9.995mV"（注：函数信号发生器设置幅值为 10mV），就是"Channel A"输入波形的幅值；同理，T2 行右侧的"Channel_B"下方显示的数据"534.181mV"就是"Channel B"输出波形的幅值。

5）将屏幕下方的水平滚动条向左方向一直拉到底，见图 1.5.13 所示。

重新调整两个"读数指针"位置，使它们分别对应于"Channel B"输出波形的相邻两个峰顶位置，即一个周期，这时可从屏幕下方"Time"栏读得 T1 行对应数据为"1.633ms"，表示"读数指针 T1"在输出波形峰顶这一点离开 X 轴原点的时间。

读得 T2 行对应数据为"2.653ms"，表示"读数指针 T2"在输出波形峰顶这一点离开 X 轴原点的时间。

读得 T2－T1 行对应数据"1.020ms"，就是输出波形一个周期的时间（注：这时函数信号发生器设置的信号频率为 1kHz）。

3. 要删除虚拟函数信号发生器或虚拟双踪示波器等仪器，只要右击该仪器图标选择快捷菜单中的"Cut"，即可将其删除。

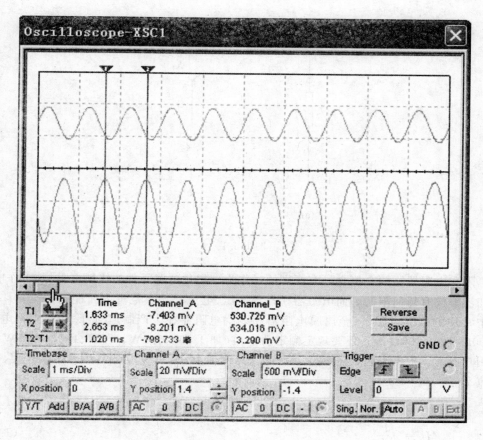

图 1.5.13

第六节　用电子仿真软件 Multisim 7.0 进行电路仿真

§1.6.1　实验目的

学会用电子仿真软件 Multisim 7.0 进行电路仿真的方法。

§1.6.2　实验准备

　　线性电阻元件是由实际电阻器抽象出来的理想化模型,常用来模拟各种电阻器和其他电阻性器件。将电气器件或装置抽象为电路模型的方法是:根据对器件内部发生物理过程的分析或用仪表测量的方法,找出器件端钮上的电压电流关系,用一些电路元件的组合来模拟。以电阻丝绕成的线绕电阻器为例,当电流通过这类电阻器时,除了克服电阻产生的正比于电流的电压外,交变电流产生的交变磁场还会在电阻器上产生感应电压。因此,当线绕电阻器工作在直流条件下,可用一个线性电阻来模拟如图 1.6.1(a)所示,而工作在交流条件下,有时需用一个电阻与电感串联来模拟如图 1.6.1(b)所示。

33

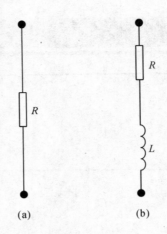

图 1.6.1

电阻和电阻器这两个概念是有区别的。作为理想化电路元件的线性电阻，其工作电压、电流和功率没有任何限制。而电阻器在一定电压、电流和功率范围内才能正常工作。电子设备中常用的碳膜电阻器、金属膜电阻器和线绕电阻器在生产制造时，除注明标称电阻值（如 100Ω、$1k\Omega$、$10k\Omega$ 等），还要规定额定功率值（如 1/8W、1/4W、1/2W、1W、2W、5W 等），以便用户参考。根据电阻 R 和额定功率 P_N，可用以下公式计算电阻器的额定电压 U_N 和额定电流 I_N：

$$U_N = \sqrt{RP_N} \tag{1.6.1}$$

$$I_N = \sqrt{\frac{P_N}{R}} \tag{1.6.2}$$

或 $$P_N = \frac{U_N^2}{R} \tag{1.6.3}$$

$$P_N = I_N^2 \cdot R \tag{1.6.4}$$

例如：$R = 100\Omega$，$P_N = 1/4W$ 电阻器的额定电压为：

$$U_N = \sqrt{(100\Omega)(\frac{1}{4}W)} = 5V$$

其额定电流为：

$$I_N = \sqrt{\frac{\frac{1}{4}W}{100\Omega}} = 50mA$$

在一般情况下，电阻器的实际工作电压、电流和功率均应小于其额定电压、额定电流和额定功率值。当电阻器消耗的功率超过额定功率过多或超过虽不多但时间过长时，电阻器会因发热而温度过高，使电阻器烧焦变色甚至断开成为开路。电子设备的设计人员有时有意在容易发生故障的电路部分，串联一个起保险丝作用的电阻器，以便维修人员能根据肉眼观察电阻器的颜色来判断这部分电路是否出现故障。

电子仿真软件 Multisim 7.0 中，有一类额定虚拟元件，即它们的耐压、功率等参数都可以设置。一旦元件参数设定，如果该元件在电路中所承受的电压或功率超过额定值，该元件就会烧毁。

点击电子仿真软件 Multisim 7 基本界面左侧左列"Basic"按钮,在弹出的对话框"Family"栏中选中"RATED_VIRTUAL"如图 1.6.2 所示,"Component"栏下共有 10 种额定虚拟元件,它们分别是:NPN 型晶体管、PNP 型晶体管、电容器、二极管、电感器、电动机、常闭触点继电器、常开触点继电器、双向触点继电器、电阻器。

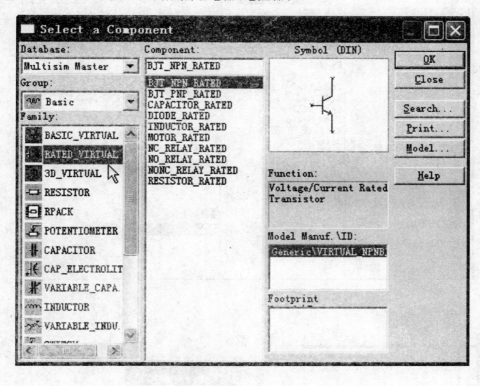

图 1.6.2

电子仿真软件 Multisim 7.0 中,还有一类三维虚拟元件,包括常用的晶体管、电阻、电容、电感等,它们以三维立体形态显示,和真实元件一模一样。

点击电子仿真软件 Multisim 7 基本界面左侧左列"Basic"按钮,在弹出的对话框"Family"栏中选中"3D_VIRTUAL"如图 1.6.3 所示,"Component"栏下共有 NPN 型晶体管等 20 种 3 维虚拟元件;或点击电子仿真软件 Multisim 7 基本界面左侧右列倒数第二个"3D"按钮(见鼠标箭头所指),将出现 20 种 3 维虚拟元件列表框如图 1.6.4 所示;例如点击 3 维虚拟元件列表框中的"Place Capacitor1_100uF",将调出 $100\mu F$ 电解电容,和实际 $100\mu F$ 电解电容一模一样,如图 1.6.5 所示。

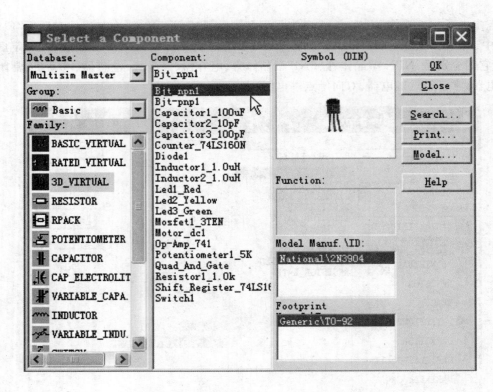

图 1.6.3

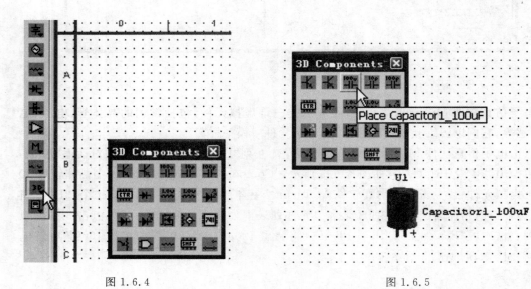

图 1.6.4   图 1.6.5

1.6.3 计算机仿真实验内容和步骤

1. 额定电阻功率设计仿真

（1）单击计算机的开始/程序/Multisim 7.0,启动电子仿真软件 Multisim 7.0,进入基本界面(注:这里假设电子仿真软件 Multisim 7.0 的安装路径为 C:\Program Files\Multisim 7.0)。

(2)点击电子仿真软件 Multisim 7 基本界面左侧左列"Basic"按钮,在弹出的对话框"Family"栏中选中"RATED_VIRTUAL",再在"Component"栏选取"RESISTOR_RATED",最后点击对话框右上角"OK"按钮,将额定电阻器调出放置在电子平台上,如图 1.6.6 所示。

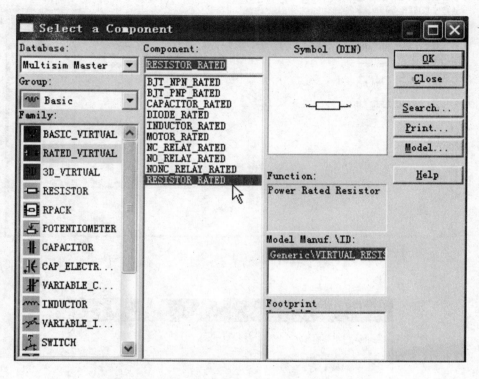

图 1.6.6

(3)点击电子仿真软件 Multisim 7 基本界面左侧左列"Sourse"按钮,在弹出的对话框"Family"栏中选中"POWER_SOURCES",再在"Component"栏选取"DC_POWER",最后点击对话框右上角"OK"按钮,将直流 12V 电源调出放置在电子平台上,如图 1.6.7 所示。

(4)双击"直流 12V 电源"图标,将弹出的对话框中"Voltage"栏改成"24"V,再点击对话框下方"确定"退出,如图 1.6.8 所示。

(5)仍在图 1.6.7 的"Component"栏中选取"GROUND",将地线调出放置在电子平台上。

(6)点击电子仿真软件 Multisim 7 基本界面左侧左列"Indicator"按钮,如图 1.6.9 所示,在弹出的对话框"Family"栏中选中"VOLTMETER",再在"Component"栏选取"VOLTMETER_V",最后点击对话框右上角"OK"按钮,将直流电压表调出放置在电子平台上,如图 1.6.10 所示。

(7)仍在图 1.6.10 的"Family"栏中选中"AMMETER",再在"Component"栏中选取"AMMETER_H",将直流电流表调出放置在电子平台上。

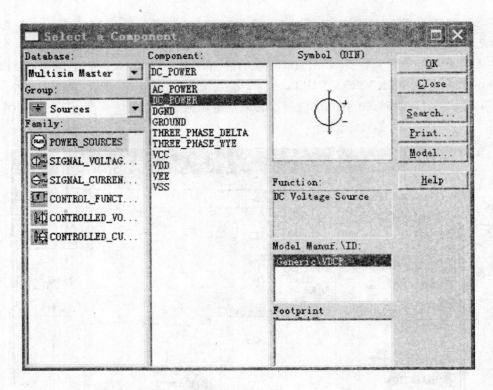

图 1.6.7

图 1.6.8

图 1.6.9

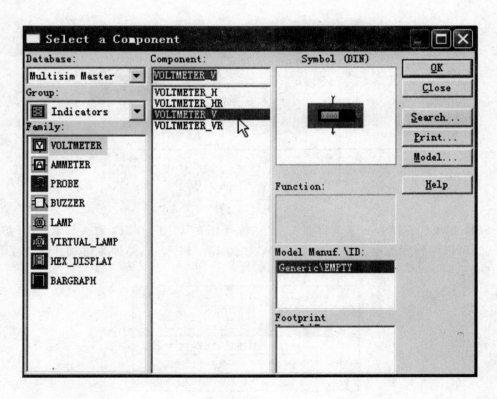

图 1.6.10

（8）用鼠标右击电阻"U1"图标，在出现的快捷菜单中选取"90 Clockwise（顺时针旋转）"，将它竖放，如图 1.6.11 所示；

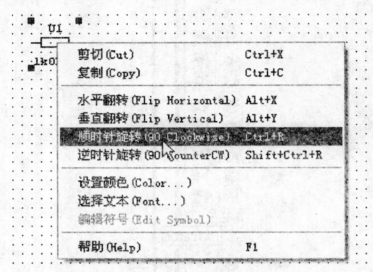

图 1.6.11

（9）按图 1.6.12 将仿真电路连好。

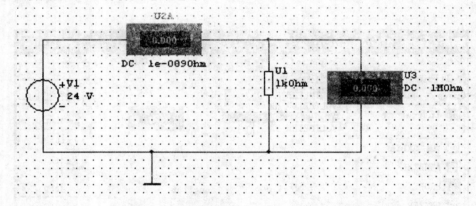

图 1.6.12

（10）用鼠标左键点击基本界面右上角"仿真开关"如图 1.6.13 箭头所示，打开仿真开关，这时可以看到直流电流表显示 0.024A，如图 1.6.14 所示，随即将仿真开关暂停，如图 1.6.15 所示。

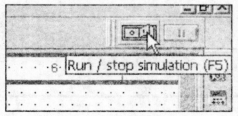

图 1.6.13

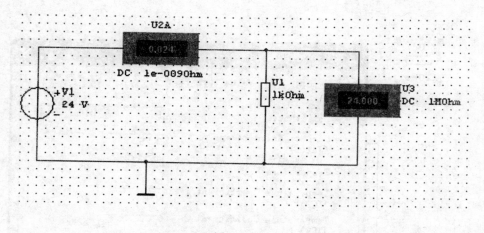

图 1.6.14

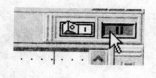

图 1.6.15

（11）根据公式 1.6.4：$P_N = I_N^2 \cdot R$，然后将电流值和电阻值代入得 $P_N = 0.576$（W）。

（12）重新打开仿真开关，稍等片刻，电阻器烧毁，电流表显示 0.021mA，如图 1.6.16 所示。

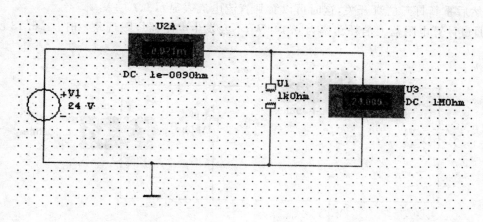

图 1.6.16

（13）重新调出一个 1kohm 额定电阻器，并双击额定电阻器图标，从弹出的对话框"Maximum Rated Power"栏中可以看到它的功率是 0.25W，如图 1.6.17 所示。由于电源电压太高，流过电阻器电流太大，通过计算得到电阻器上功率为 0.576W，超过额定电阻器功率一倍多，所以发生额定电阻器烧毁现象。

（14）关闭仿真开关，双击 24V 直流电压源图标，将弹出的对话框"Voltage"栏恢复成

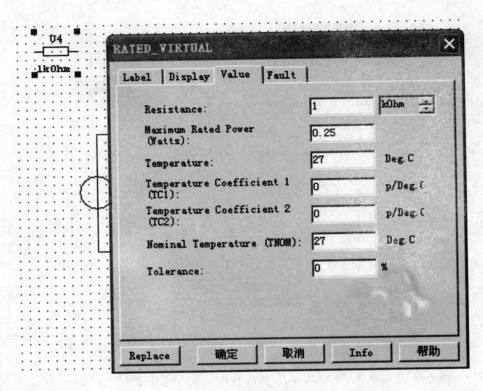

图 1.6.17

12V,然后重新打开仿真开关,这时可以看到直流电流表显示 0.012A,

通过计算电阻器上消耗功率为 0.144W,不会发生电阻器烧毁现象,如图 1.6.18 所示。

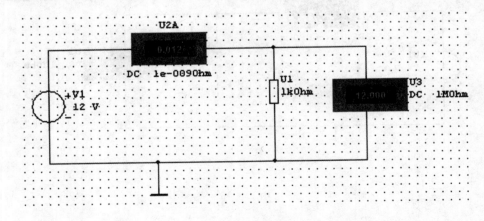

图 1.6.18

(14) 恢复图 1.6.12,双击电阻器图标,将弹出的对话框"Maximum Rated Power"栏改成"1"W,再点击对话框下方"确定"退出,如图 1.6.19 所示。

(15) 然后重新打开仿真开关,这时虽然可以看到直流电流表显示 0.024A,

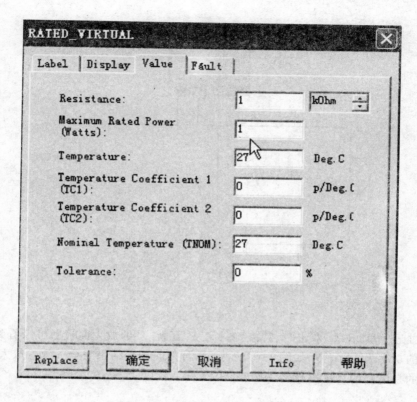

图 1.6.19

　　电阻器上消耗功率为 0.576W,也不会发生电阻器烧毁现象。

　　(16) 关闭仿真开关,将图 1.6.18 中的电压表和电流表删除,点击电子仿真软件基本界面右侧虚拟仪器栏中的"Wattmeter"按钮,将"瓦特表"调出如图 1.6.20 所示。

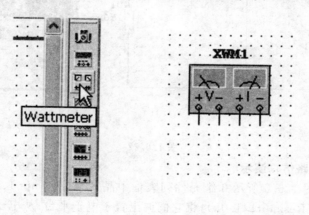

图 1.6.20

　　(17) 将"瓦特表"按入电路,电压表并联在电阻器 U1 两端;电流表串联在电路中,如图 1.6.21 所示。

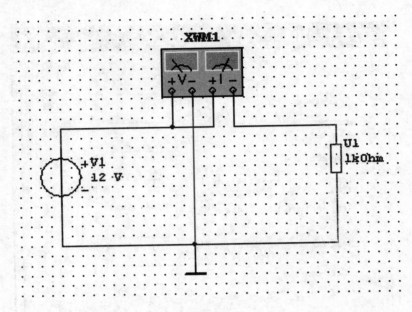

图 1.6.21

（18）打开仿真开关，双击"瓦特表"图标，从"瓦特表"的放大面板上可以看到电阻器 U1 上所消耗的功率为 144mW，如图 1.6.22 所示，与上面计算结果完全一致。放大面板下方小框中显示的是电路的功率因数为 1.000。

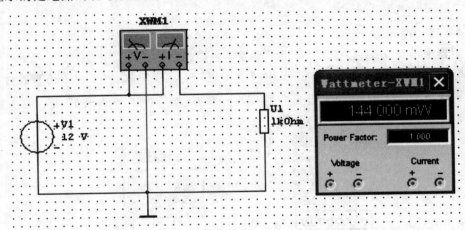

图 1.6.22

2. 三维元件电路仿真演示

（1）分别点击图 1.6.5 所示 3 维元件列表框中晶体管（Bjt_npn）、红色发光二极管、电位器和 3 只电阻器（Resistor1_1.0k），将它们调出置于电子平台；从电子仿真软件 Multisim 7 基本界面左侧左列"Source"元件库中调出直流电源（参见图 1.6.7），并双击直流电源图标，将弹出如图 1.6.8 所示对话框，将"Voltage"栏改成 5V；仍在"Source"元件库对话框中"Component"栏中选取"GROUND"，将地线调出放置在电子平台上。

从电子仿真软件 Multisim 7 基本界面左侧左列"Indicator"元件库中调出电压表和电流表（参见图 1.6.10），并连成仿真演示电路如图 1.6.23 所示。

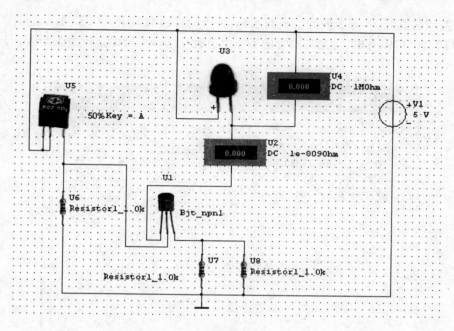

图 1.6.23

（2）打开仿真开关，这时红色发光二极管不亮，按住键盘上的"Shift"键，再连续按键盘上的"A"键，这时可以看到电位器的百分比在减少，当达到 10％时，红色发光二极管亮，并可见电流表显示 5.191mA、电压表显示 1.660V，如图 1.6.24 所示。

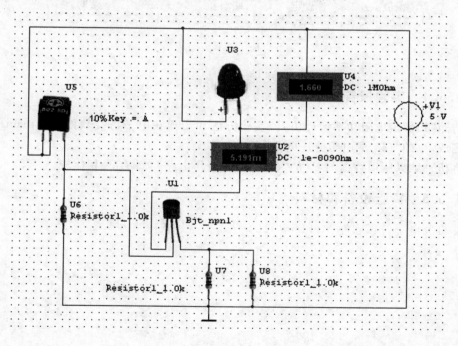

图 1.6.24

（3）关闭仿真开关，双击发光二极管图标，弹出的对话框如图 1.6.25 所示。

从对话框中可以看出：发光二极管的工作电流为 5mA；发光时压降为 1.66V，与仿真结果相符。

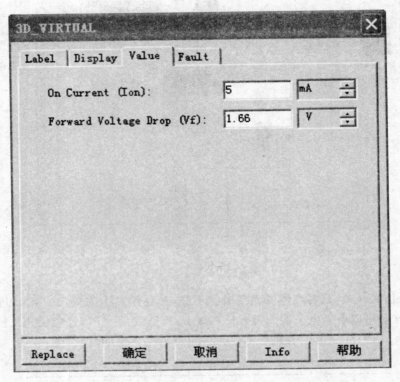

图 1.6.25

§1.6.4　实验报告要求

1.仿照"1.额定电阻功率设计仿真"实验方法和步骤在电子仿真软件 Multisim 7 电子平台上完成 P_7 的"（4）测电阻分压电路"实验内容。

2.将仿真结果所得数据与 P_7 的"（4）测电阻分压电路"实验结果相比较。

§1.6.5　实验设备和材料

计算机及电子仿真软件 Multisim 7.0。

第二章 电路分析基础实验

实验 2.1 电阻元件电压电流关系特性曲线的测定

§ 2.1.1 实验目的

1. 进一步熟悉和掌握用电子仿真软件 Multisim 7 进行电路仿真。
2. 进一步熟悉和掌握 KHDL-1 型电路原理实验箱的使用。
3. 了解线性电阻和非线性电阻元件的伏安特性。
4. 掌握 MF-500 型和直流稳压电源的正确使用方法。

§ 2.1.2 实验原理

电阻元件的定义:在任一时刻其二端的电压和流过的电流可用 u-i 平面上的一条曲线表示.当曲线为过原点的直线时,称为线性电阻.否则称为非线性电阻。

1. 线性电阻:满足欧姆定律 $U=RI$,我们平时用到的一般都为线性电阻。
2. 非线性电阻:常用的二极管、钨丝、灯泡等。

欧姆定律表述的是当电流流过电阻,就会沿着电流的方向出现电压降,其值为电流与电阻的乘积用公式表示为:

$$U=RI \tag{2.1.1}$$

欧姆定律确定了线性电阻两端的电压与流过电阻的电流之间的关系,线性电阻元件两端的电压与流过的电流成正比,比例常数就是这个电阻的电阻值。当流过电路元件的电流为 1A 时,若产生的电压降为 1V,则该元件的电阻值就是 1Ω。

把流过元件的电流作为 Y 轴,元件两端电压作为 X 轴,画出电阻的伏安特性曲线,如果这条曲线是一条过零点的直线,则该元件就是线性电阻,阻值就等于这条曲线斜率的倒数,即加在电阻两端的电压和流过电阻的电流成正比,在如图 2.1.1 所示。

欧姆定律的另一种表述方式为 $R=\dfrac{V}{I}$,这个关系式说明当电压一定时,电流与电阻成反比,因此电阻越大则流过的电流就越小。

二极管是非线性元件,它的伏安特性曲线不是一

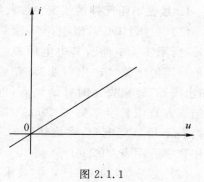

图 2.1.1

条直线,即加在二极管两端的电压和流过二极管的电流不成正比。图 2.1.2 是二极管的正向伏安特性曲线,从图中可以看出:当加在二极管两端的电压在 $0 \sim U_{on}$ 之间,流过二极管的电流始终为零(注:严格讲,应当有很小的电流);当加在二极管两端的电压$> U_{on}$之后,流过二极管的电流和加在二极管两端的电压大小有关,但不成正比,图中 U_{on} 为二极管的开启电压,硅二极管的开启电压一般为 0.5V 左右。

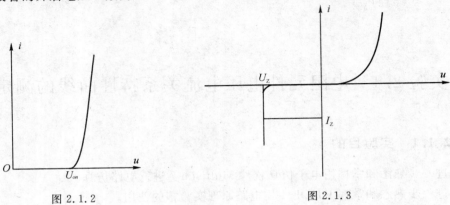

图 2.1.2   图 2.1.3

稳压二极管一般用硅材料制造,其反向穿透电流很小,几乎为零。只有当加在它两端的反向电压接近击穿电压时,它的反向击穿电流才开始增大,这时只要反向电压有一点稍微增大,反向击穿电流就急剧增大,故稳压二极管在第三象限的反向特性曲线表现得非常陡峭,几乎是一条垂线,动态电阻很小,故它的稳压特性很好。对一般小功率稳压管来说,当反向击穿电流 $I_z = -10\text{mA}$ 时所对应的稳压值定义为该管的 U_z,稳压二极管的正、反向特性曲线如图 2.1.3 所示。

§2.1.3 实验室操作实验内容和步骤

注意:

1. 当被测元件的特性为曲线时,横坐标不均匀取点,而应在曲线斜率变化较快的区间增加测量点数。

2. 电子元件的参数具有离散性。同型号的两个元件参数一般也不同。因此本实验给出的数据记录表只作参考。实验者可根据各自情况补充测量点。

1. 线性电阻元件的伏安特性曲线测试

(1) 在 KHDL-1 型电路实验箱上建立如图 2.1.4 所示实验电路。其中电压源 U 用实验箱左下角直流稳压源,"输出粗调"旋钮置 $0 \sim 10\text{V}$ 挡,"输出细调"旋钮先逆时针旋到底;电流表 A 用实验箱下方直流数字毫安表 20mA 挡;电阻 R 用实验箱右下角可变电阻,将旋钮置"1"位置,电压表 V 用数字万用表 VC890D 直流 20V 挡。

(2) 按表 2.1.4 中 $U(\text{V})$ 栏要求,顺时针转"输出粗调"旋钮逐渐增大电压,

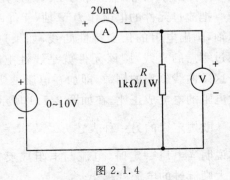

图 2.1.4

从数字万用表上读出直流电压值,将直流数字毫安表显示的数据填入表 2.1.4 中。

表 2.1.4

U(V)	0	2	4	6	8	10
I(mA)						

2. 二极管伏安特性曲线测绘

(1) 检波二极管 2AP9 正向伏安特性曲线测绘

1) 在 KHDL-1 型电路实验箱上建立如图 2.1.5 所示实验电路。其中电压源 U 用实验箱左下角直流稳压源,"输出粗调"旋钮置 0～10V 挡,"输出细调"旋钮先逆时针旋到底;电流表 A 先用实验箱下方直流数字毫安表 2mA 挡(电流增大超过 2mA 以后更换电流表量程);电阻 R 用实验箱右下方 200 欧姆 2 瓦电阻,电压表 V 用数字万用表直流电压挡测;限流电阻和二极管均取自实验箱右下方。

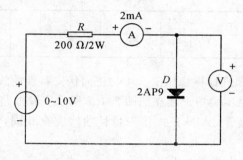

图 2.1.5

2) 按表 2.1.5 中 U(V)栏要求,顺时针转直流稳压源的"输出细调"旋钮逐渐增大电压,从数字万用表上读出所需直流电压值;将直流数字毫安表显示的数据填入表 2.1.5 中(注意:检波二极管 2AP9 属小电流高频检波管,正向测试时千万不能在它上面加高电压或通过大电流,所以限流电阻不可漏接,否则极易烧毁二极管)。

表 2.1.5

U(V)	0	0.1	0.12	016	0.18	0.2	0.25	0.3	0.4	0.5	0.7
I(mA)											

注意:对于曲线,一般不应均匀取点.近似直线段可取疏,弯曲处应取密。大家可根据以上表格数据适当再增加一些测试点。

(2) 检波二极管 2AP9 反向伏安特性曲线测绘

1) 在 KHDL-1 型电路实验箱上建立如图 2.1.6 所示实验电路。其中为了减小测量误差,电压表采用"内接法"。

2) 按表 2.1.6 中 U(V)栏要求,顺时针转直流稳压源的"输出细调"旋钮逐渐增大电压(注:需配合改变"输出粗调"旋钮,每次改变"输出粗调"旋钮前,应该将直流稳压源的"输出细调"旋钮逆时针旋到底),从数字万用表上读出所需直流电压值;将直流数字毫安表显示的

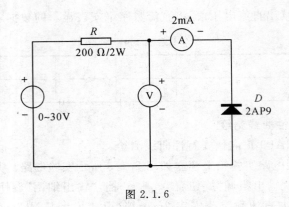

图 2.1.6

数据填入表 2.1.6 中

表 2.1.6

U(V)	0	−0.3	−0.4	−0.5	−0.8	−1	−2	−3	−4	−5	−7	−10	−15	−20	−25	30
I(mA)																

(3) 稳压二极管 2CW51(标称稳压值 2.4V)正向伏安特性曲线测绘

1) 在 KHDL-1 型电路实验箱上建立如图 2.1.7 所示实验电路,其中所用电表和测试方法、步骤与上述测检波二极管 2AP9 正向伏安特性曲线完全相同,请参照上面内容,在此不再赘述。

2) 将测试数据记录在表 2.1.7 中。

表 2.1.7

U(V)	0	0.2	0.4	0.5	0.55	0.58	0.6	0.62	0.65	0.67	0.68	0.7	0.75
I(mA)													

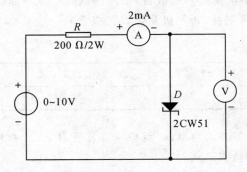

图 2.1.7

(4) 稳压二极管 2CW51 反向伏安特性曲线测绘

1) 在 KHDL-1 型电路实验箱上建立如图 2.1.8 所示实验电路。其中电压源 U 用实验箱左下角直流稳压源,"输出粗调"旋钮置 0~10V 挡,"输出细调"旋钮先逆时针旋到底;电流表 A 用实验箱下方直流数字毫安表 2mA 挡(电流增大超过 2mA 以后更换电流表量程);

电阻 R 用实验箱右下方 200 欧姆 2 瓦电阻,电压表 V 用数字万用表直流电压挡测(注:测试中根据需要改变"直流稳压源"和"直流数字毫安表"量程)。

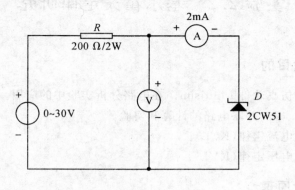

图 2.1.8

2) 按表 2.1.8 中 $U(V)$ 栏要求,顺时针转"输出细调"旋钮逐渐增大电压,从数字万用表上读出直流电压值,将直流数字毫安表显示的数据填入表 2.1.8 中。

表 2.1.8

U(V)	0	0.6	1.0	2.0	2.2	2.4	2.5	2.6	2.7	2.8	3.0
I(mA)											

§2.1.4 实验报告要求与思考题

1. 填写实验室操作实验中表 2.1.4,并根据表 2.1.4 数据在方格纸上画出线性电阻 R_1 的伏安特性曲线,并在曲线求出它的斜率。

2. 填写实验室操作实验中表 2.1.5 和表 2.1.6,并根据表 2.1.5 和表 2.1.6 数据在方格纸的同坐标轴上画出检波二极管 2AP9 的正、反向伏安特性曲线。

3. 填写实验室操作实验中表 2.1.7 和表 2.1.8,并根据两表数据在方格纸的同一坐标轴上画出稳压二极管 1N964 的正、反向伏安特性曲线,并在伏安特性曲线标明该管的稳压值(测试条件:$I_D = -10\text{mA}$)。

4. 电阻元件与二极管的伏安特性有何区别?

5. 设某器件伏安特性曲线的函数式为 $I = f(U)$,试问在逐点绘制曲线时,其坐标变量应如何放置?

6. 欧姆定律的适用条件是什么?

§2.1.5 实验设备和材料

1. 计算机及 Multisim 7.0 电子仿真软件。

2. KHDL-1 型电路实验箱。

3. MF-500 型万用表。

4. 数字万用表。

实验 2.2 基尔霍夫定律研究

§2.2.1 实验目的

1. 熟练掌握电子仿真软件 Multisim 7 在电路分析实验中的应用。
2. 学会电阻并联、串—并联电路的计算和实验。
3. 验证基尔霍夫电流定律(KCL)。
4. 验证基尔霍夫电压定律(KVL)。

§2.2.2 实验原理

对于两个以上电阻并联在一起接入电路,则它们两端的电压相等;流过电阻并联电路总电流等于流过每个电阻的电流之和;电阻并联电路等效电阻 R 值的倒数等于每个电阻(R_1, R_2, R_3, $\cdots$)值的倒数之和,即

$$\frac{1}{R} = \frac{1}{R_1} + \frac{1}{R_2} + \frac{1}{R_3} + \tag{2.2.1}$$

若两个电阻 R_1 和 R_2 并联,设流经两个并联电阻的总电流为 I,则流过电阻 R_1 的电流为:

$$I_1 = \frac{R_2}{R_1 + R_2} I \tag{2.2.2}$$

流过电阻 R_2 的电流为:

$$I_2 = \frac{R_1}{R_1 + R_2} I \tag{2.2.3}$$

基尔霍夫电流定律(KCL)指出:在任一时刻,流入一个结点的电流总和等于从该结点流出的电流总和。基尔霍夫电流定律揭示了电流连续性的特点。它也可以表述为:如果规定流出结点的电流为正,流入结点的电流为负,则流经该结点的电流的代数和必定为零。还可以表述为:在电路的任一结点上各支路电流的代数和总等于零。把 KCL 定律写成一般形式为:

$$\sum i = 0 \tag{2.2.4}$$

基尔霍夫电流定律与支路上接的元件种类无关,对线性电路或是非线性电路都适用。

基尔霍夫电流定律不仅适用于电路结点,还可以推广运用于电路中的任一假设封闭面。比如图 2.2.1 所示椭圆形封闭面所包围的电路,有 3 条支路与电路的其他部分相连接,其电流为 I_1、I_2、I_3,则:

$$I_1 + I_2 + I_3 = 0 \tag{2.2.5}$$

因为对一个封闭面来说,电流仍然必须是连续的,因此流经该封闭面电流的代数和也应该为零。

基尔霍夫电压定律(KVL)指出:在任一时刻,沿闭合回路电压降的代数和总等于零。把这个定律写成一般形式为:

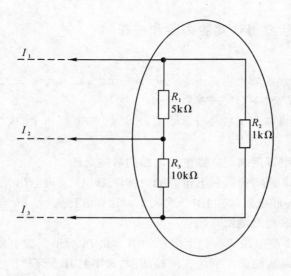

图 2.2.1

$$\sum u = 0 \qquad\qquad (2.2.6)$$

基尔霍夫电压定律指的是沿闭合回路中两点的电压,它与路径和闭合回路中遇到的元件种类无关。KVL 定律表明的只是这些元件电压降的代数和为零,因此,它不仅适用于线性电路,同时也适用于非线性电路。对线性电阻性电路来说,它其实就是欧姆定律;对非线性电阻性电路来说,它描述的是非线性元件的伏安特性。

基尔霍夫电压定律可以这样理解:在电路中环绕任意闭合路径一周,所有电压降的代数和必须等于所有电压升的代数和。例如图 2.2.2 所示电路中必有:

$$V_{12} + V_{20} - V1 + V_{31} = 0 \qquad\qquad (2.2.7)$$

即: $$\qquad V_1 = V_{12} + V_{20} + V_{31} \qquad\qquad (2.2.8)$$

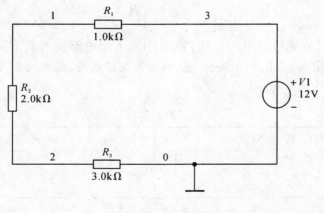

图 2.2.2

§2.2.3 实验室操作实验内容和步骤

注意：

1)测量时,应注意电路中电压和电流的参考方向,正确接电压表和电流表的正负极,记录数据应注意测量值的"+","—"号。

2)测量前,可先根据相关理论计算出实验结果,再进行测量,从而及时发现测量中出现的错误。

1. 用 VC890D 型万用表测并联电阻电路的等效电阻

将 KHDL-1 型电路实验箱右下角 30Ω、100Ω、200Ω 三只电阻并联,并用 VC890D 型万用表欧姆挡它们的并联电阻,与利用公式 2.2.1 计算值比较。

2. 电阻串—并联电路测试

(1) 在 KHDL-1 型电路实验箱上搭建如图 2.2.16 所示实验电路。直流电源 12V 直接取之 KHDL-1 型电路实验箱左下角直流稳压源,暂不打开直流稳压源开关;a～b、c～d、e～f 先用导线连通。先计算出流经图 2.2.16 所示串—并联电路的总电流,再根据公式 2.2.4 和 2.2.5 计算出流经 R_2 支路和 R_3 支路的电流,并填入表 2.2.2 中。

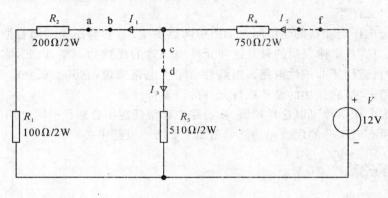

图 2.2.16

(2) 打开 12V 直流稳压电源开关,将 KHDL-1 型电路实验箱下方"直流数字毫安表(20mA 挡)"先后串入 a～b、c～d、e～f 处,测出各支路电流,填入表 2.2.2 中并与上述计算值比较。

表 2.2.2

计 算 值（mA)			测 量 值（mA)		
I_1	I_2	I_3	I_1	I_2	I_3

3. 验证基尔霍夫电流定律(KCL)

(注:测量时应注意实际电流、电压降与参考方向是否一致,一致时为正,否则为负。)

(1) 在 KHDL-1 型电路实验箱的"基尔霍夫定理"框内,先将 I_1、I_2 和 I_3 三处虚线用导线连通,暂不打开两电源 E_1 和 E_2 开关,通过计算求出 I_1、I_2 和 I_3 的值。

（2）先拆除 I_1 处连接导线,串入 KHDL-1 型电路实验箱下方"直流数字毫安表(20mA 挡)",打开两电源 E_1 和 E_2 开关,从"直流数字毫安表"上读出 I_1 值;用上述相同方法和步骤测读 I_2 和 I_3 的值,将它们填入表 2.2.2 中,并与计算值比较。

（3）根据 KCL 定律验证三个电阻公共结点处是否满足 $\sum i = 0$。

4. 验证基尔霍夫电压定律(KVL)

（1）在 KHDL-1 型电路实验箱上搭建如图 2.2.17 所示实验电路。其中 $R_2 \sim R_6$ 直接取自实验箱右下角 2W 色环电阻;R_1 用可变电阻,将旋钮置"1"处;6V 直流电源取自实验箱右下角"直流稳压源","粗调旋钮"置 0～10 挡,先用 VC890D 型万用表测准 6V 后再接入电路。

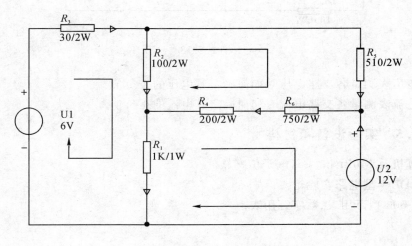

图 2.2.17

（2）用 VC890D 型万用表分别测每个电阻上的压降,然后验证 4 个回路是否满足 KVL 定律的 $\sum u = 0$。

5. 验证基尔霍夫电流定律(KCL)电压定律(KVL)

（1）在 KHDL-1 型电路实验箱上搭建如图 2.2.18 所示实验电路。其中 $R_2 \sim R_6$ 直接取自实验箱右下角 2W 色环电阻;R_1 用可变电阻,将旋钮置"1"处;9V 直流电源取自实验箱右下角"直流稳压源","粗调旋钮"置 0～10 挡,先用 VC890D 型万用表测准 9V 后再接入电路。

（1）验证四个公共结点处是否满足 KCL 定律 $\sum i = 0$。

（2）验证六个回路处是否满足 KVL 定律 $\sum u = 0$。

§2.2.4 实验报告要求和思考题

1. 记录实验室操作实验 1. 和 2. 内容数据,并与公式计算值作比较。

2. 记录实验室操作实验 3. 内容数据,验证 KCL 定律,并与公式计算值作比较。

3. 记录实验室操作实验 4. 内容数据,验证 KVL 定律,并与公式计算值作比较。

4. 通过实验数据验证基尔霍夫定律,并说明它的适用范围。

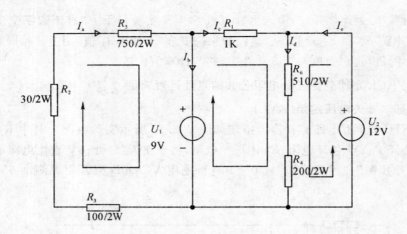

图 2.2.18

5. 用电压表测量各支路电压时如何确定其电压的正负值?

6. 用电流表测量各支路电流时如何确定其电流的正负值?

§2.2.5 实验设备和材料

1. 计算机及 Multisim 7.0 电子仿真软件。

2. KHDL-1 型电路实验箱。

3. MF-500 型万用表、数字万用表。

实验 2.3　网孔和结点分析法

§2.3.1　实验目的

1. 掌握用电子仿真软件 Multisim 7 进行网孔和结点分析的仿真方法。
2. 掌握网孔分析法和它的计算公式。
3. 掌握结点分析法和它的计算公式。
4. 掌握在 KHDL-1 型电路实验箱上进行网孔和结点分析的实验方法。

§2.3.1　实验原理

将电路画在平面上，内部不含支路的回路，我们称它为网孔。

如果网孔中有 n 个支路电流为未知量，我们为了求解这些支路电流进行电路分析计算时就需要列出 n 个联立方程，这在支路电流较多时，求解方程组就会显得异常麻烦。

如图 2.3.1 就是一个比较复杂的电路。如果把串联的电阻元件和电压源作为一条支路，它有 4 个结点、6 个支路，为了求解 6 个支路电流，需要列 6 个联立方程。

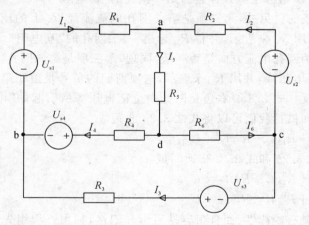

图 2.3.1

如果我们设想在电路的每个网孔中有一个假想的网孔电流沿着网孔的边界流动如图 2.3.2 左图中虚线所示，并且以这 3 个网孔电流作为直接求解对象，如果这 3 个网孔电流是 "完备" 的，则其他 3 个支路电流也可以间接求出。

根据欧姆定律、基尔霍夫电压定律及假设列方程时的绕行方向与网孔电流方向一致，则我们很容易得到图 2.3.2 左图所示电路的 3 个联立方程为：

$$R_1 I_1 + R_5 I_1 + R_5 I_2 + R_4 I_1 - R_4 I_3 + U_{S4} - U_{S1} = 0 \tag{2.3.1a}$$

$$R_2 I_2 + R_5 I_2 + R_5 I_1 + R_6 I_2 + R_6 I_3 - U_{S2} = 0 \tag{2.3.1b}$$

$$R_3 I_3 + R_4 I_3 - R_4 I_1 + R_6 I_3 + R_6 I_2 - U_{S4} - U_{S3} = 0 \tag{2.3.1c}$$

经整理可得：

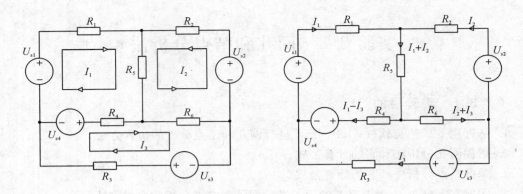

图 2.3.2

$$(R_1+R_4+R_5)I_1+R_5I_2-R_4I_3=U_{S1}-U_{S4} \tag{2.3.2a}$$

$$R_5I_1+(R_2+R_5+R_6)I_2+R_6I_3=U_{S2} \tag{2.3.2b}$$

$$-R_4I_1+R_6I_2+(R_3+R_4+R_6)I_3=U_{S3}+U_{S4} \tag{2.3.2c}$$

通过解 3 个联立方程,我们同样可以求得 6 个支路电流。从式(2.3.2a)我们还可以看出,等式左边第一项 $(R_1+R_4+R_5)I_1$ 是网孔电流 I_1 流经这个网孔中各电阻所产生的电压降。我们用 R_{11} 来表示这些电阻并称它为第一网孔的"自电阻",

"自电阻"总是正的。另外,第二项是第二网孔电流流经 R_5 上的压降,R_5 是第一、二网孔的公共电阻,我们用 R_{12} 来表示,并称 R_{12} 为第一、二网孔的"互电阻",互电阻可正可负,取决于流过互电阻的两网孔电流方向是否一致;同理,第三项是第三网孔电流 I_3 流经第一、三网孔公共电阻 R_4 的电压降,并用 R_{13} 来表示,这项前面的负号是由于第三网孔电流 I_3 与第一网孔电流方向相反。式 2.3.2 右边是网孔中全部电压源所引起的"电压升",并用 U_{S11} 来表示。经以上分析和概括我们可以将式 2.3.2a 改写成:

$$R_{11}I_1+R_{12}I_2-R_{13}I_3=U_{S11} \tag{2.3.3}$$

同理,可将式 2.3.2b 和式 2.3.2c 改写成:

$$R_{21}I_1+R_{22}I_2-R_{23}I_3=U_{S22} \tag{2.3.4}$$

$$R_{31}I_1+R_{32}I_2-R_{33}I_3=U_{S33} \tag{2.3.5}$$

以上 3 个式子具有规律性,而且很容易写出和记忆,利用方程组先解出网孔电流,然后就可以求出复杂电路的各支路电流,该电路由网孔电流确定的各支路电流如图 2.3.2 右图所示。这种方法虽是由 3 个网孔电路推导总结出来的,但它具有普遍意义,适用于平面网络的多网孔电路分析,这种分析方法称"网孔分析法"。

"网孔分析法"举例如下:

1. 电桥电路如图 2.3.3 所示。其中 $R_1=1\Omega$、$R_2=R_3=2\Omega$、$R_4=3\Omega$、$R_5=4\Omega$、$R_6=5\Omega$、$U_1=12\text{V}$,我们要求电桥电路中的电流 I_3。

2. 为求流过电阻 R_3 上的电流,假设流过三个网孔的电流分别为 $I_1'\sim I_3'$ 见图 2.3.3 所示,其中网孔电流 I_3' 正好就是我们要求的流过电阻 R_3 上的电流 I_3。

3. 如果用网孔分析法,根据欧姆定律、基尔霍夫电压定律先写出 3 个独立网孔的方程为:

$$(R_2+R_4+R_1)I_1'-R_1I_2'-R_4I_3'=U_1 \tag{2.3.6}$$

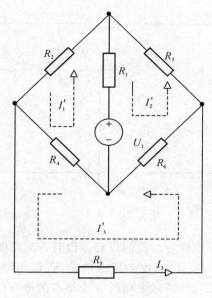

图 2.3.3

$$-R_1 I_1' + (R_1 + R_6 + R_5) I_2' - R_6 I_3' = -U_1 \qquad\qquad (2.3.7)$$

$$-R_4 I_1' - R_6 I_2' + (R_4 + R_3 + R_6) I_3' = 0 \qquad\qquad (2.3.8)$$

代入数据,得:

$$6I_1' - I_2' - 3I_3' = 12 \qquad\qquad (2.3.9)$$

$$-I_1' + 10I_2' - 5I_3' = -12 \qquad\qquad (2.3.10)$$

$$-3I_1' - 5I_2' + 10I_3' = 0 \qquad\qquad (2.3.11)$$

用行列式求 I_3':

$$I_3' = \frac{\begin{vmatrix} 6 & -1 & 12 \\ -1 & 10 & -12 \\ -3 & -5 & 0 \end{vmatrix}}{\begin{vmatrix} 6 & -1 & -3 \\ -1 & 10 & -5 \\ -3 & -5 & 10 \end{vmatrix}} = \frac{3}{40} = 75\text{mA} = I_3 \qquad\qquad (2.3.12)$$

如果一个网络中有 m 个支路电压为未知量,我们为了求解这些支路电压进行电路分析计算时就需要列出 m 个联立方程,这在网络存在较多支路电压需要求解时,列出的方程组也会显得很复杂。为了使分析电路简捷、少立方程个数,我们引用"结点电位"作为求解量,可以使求解过程变得简单。

在一个电路中,任选一个结点作为参考结点,其他各结点与参考结点之间的电压就叫该结点的结点电位。一个有 n 个结点的电路,存在 $n-1$ 个结点电位。

如图 2.3.4 所示电路,它有 4 个结点,如果把"4"结点选为参考结点,则"1"、"2"、"3"三个结点分别对参考结点的电位 U_1、U_2、U_3 就是 3 个结点电位。如果在求解电路时,以这 3 个结点电位为求解量,则联立方程的数目与列各支路电压的联立方程相比,可以减少一半,同样能求出该电路的各支路电压。

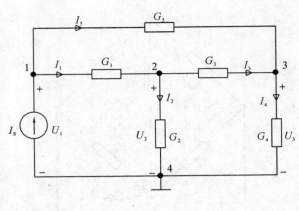

图 2.3.4

根据欧姆定律、基尔霍夫电流定律及假设列方程时各支路电流方向如图 2.3.4 所示；并且以"电导 G"表示电阻；U_1、U_2、U_3 都比参考点电位高；流出结点电流为正、流入结点电流为负，则我们很容易得到图 2.3.4 所示电路的 3 个结点的电流联立方程为：

$$I_1 + I_5 = I_S \tag{2.3.13a}$$

$$-I_1 + I_2 + I_3 = 0 \tag{2.3.13b}$$

$$-I_3 + I_4 - I_5 = 0 \tag{2.3.13c}$$

各个支路电流可以写成：

$$I_1 = G_1(U_1 - U_2) \tag{2.3.14a}$$

$$I_2 = G_2 U_2 \tag{2.3.14b}$$

$$I_3 = G_3(U_2 - U_3) \tag{2.3.14c}$$

$$I_4 = G_4 U_3 \tag{2.3.14d}$$

$$I_5 = G_5(U_1 - U_3) \tag{2.3.14e}$$

将式 2.3.14 代入式 3.3.13 并加整理后可得：

将式（2.3.14）代入式（3.3.13）并加整理后可得：

$$(G_1 + G_5)U_1 - G_1 U_2 - G_5 U_3 = I_S \tag{2.3.15a}$$

$$-G_1 U_1 + (G_1 + G_2 + G_3)U_2 - G_3 U_3 = 0 \tag{2.3.15b}$$

$$-G_5 U_1 - G_3 U_2 + (G_3 + G_4 + G_5)U_3 = 0 \tag{2.3.15c}$$

从式 2.3.15a 我们可以看出：第一项系数 $(G_1 + G_5)$ 是汇集结点"1"的所有"电导 G"的总和，我们用"G_{11}"来代替，称它为结点"1"的"自电导"；第二项和第三项前面的系数"$-G_1$"、"$-G_5$"都是负的，我们用"G_{12}"、"G_{13}"来代替，并称"G_{12}"为结点"1"、"2"间的"互电导"；"G_{13}"为结点"1"、"3"间的"互电导"。由于我们一般习惯上假设结点电位是正的，所以，"自电导"总是正的；而"互电导"总是负的。

从式 2.3.15(a) 我们还可以看出：等式左边各项是从结点"1"通过电导流出的全部电流；而等式右边则是电流源输送给结点"1"的电流，我们用"I_{S11}"来代替。

经以上分析和概括我们可以将式 2.3.15a 改写成：

$$G_{11}U_1 + G_{12}U_2 + G_{13}U_3 = I_{S11} \tag{2.3.16}$$

同理，可将式（3.3.15b）和式（3.3.15c）改写成：

$$G_{21}U_1 + G_{22}U_2 + G_{23}U_3 = I_{S22} \tag{2.3.17}$$

$$G_{31}U_1 + G_{32}U_2 + G_{33}U_3 = I_{S33} \tag{2.3.18}$$

以上 3 个式子同样具有规律性，而且很容易写出和记忆，利用方程组先解出各结点电位，然后再求出复杂电路的各支路电压，这种分析方法我们称之为"结点分析法"。上述这种方法虽是由 3 个结点电位方程推导总结出来的，但它具有普遍意义，"结点分析法"不仅适用于平面网络，同时也适用于更复杂的其他网络，它被广泛地应用在计算机辅助网络分析中。

"结点分析法"举例如下：

1. 电路如图 2.3.5 所示，求流过 10k 电阻上的电流。

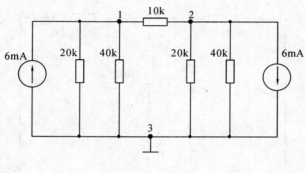

图 2.3.5

2. 以接地点"3"为参考结点，设结点"1"电位为 U_1；结点"2"电位为 U_2。参照"结点分析法"公式可写出：

$$\left(\frac{1}{20\times10^3} + \frac{1}{40\times10^3} + \frac{1}{10\times10^3}\right)U_1 - \frac{1}{10\times10^3}U_2 = 6\times10^{-3} \tag{2.3.19}$$

$$-\frac{1}{10\times10^3}U_1 + \left(\frac{1}{10\times10^3} + \frac{1}{20\times10^3} + \frac{1}{40\times10^3}\right)U_2 = -6\times10^{-3} \tag{2.3.20}$$

化简得：

$$0.175U_1 - 0.1U_2 = 6 \tag{2.3.21}$$

$$-0.1U_1 + 0.175U_2 = -6 \tag{2.3.22}$$

列出方程组系数行列式：

$$\Delta = \begin{vmatrix} 0.175 & -0.1 \\ -0.1 & 0.175 \end{vmatrix} = 0.020625 \tag{2.3.23}$$

$$\Delta_1 = \begin{vmatrix} 6 & -0.1 \\ -6 & 0.175 \end{vmatrix} = 0.45 \tag{2.3.24}$$

$$\Delta_2 = \begin{vmatrix} 0.175 & 6 \\ -0.1 & -6 \end{vmatrix} = -0.45 \tag{2.3.25}$$

解之得：

$$U_1 = \frac{\Delta_1}{\Delta} \approx 21.8(\text{V}) \tag{2.3.26}$$

$$U_2 = \frac{\Delta_2}{\Delta} \approx -21.8(\text{V}) \tag{2.3.27}$$

设 $10k$ 电阻上的电流方向从结点"1"流向结点"2"，则可求得：

$$I = \frac{U_1 - U_2}{10 \times 10^3} = 4.36 \, (\text{mA}) \tag{2.3.28}$$

§2.3.3 实验室操作实验内容和步骤

1. 网孔分析法

(1) 在 KHDL-1 型电路实验箱上搭建如图 2.3.13 的所示实验电路。

(2) 参照 $P_{57} \sim P_{58}$ 页"网孔分析法"内容,根据欧姆定律、基尔霍夫电压定律先写出 3 个网孔的方程,并解联立方程组,求得流经 R_3 的电流。

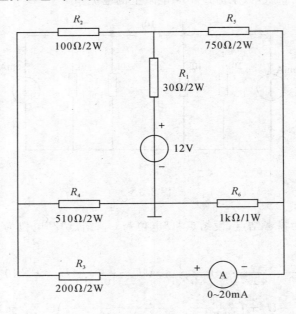

图 2.3.13

(3) 打开 KHDL-1 型电路实验箱相关开关,读出电流表 A 的数据,并与上述解联立方程组得到的流经 R_3 电流比较。

2. 结点分析法

(1) 结点分析法实验原理图如图 2.3.14 所示,其上共有 3 个结点,请根据上述"实验原理"中推导出的"结点分析法"公式 2.3.13~2.3.18,列出结点"1"和结点"2"的联立方程组,并根据图上元件数据计算出流过电阻 R_5 上的电流。

(2) 由于 KHDL-1 型电路实验箱只有一个恒流源,现将图 2.3.14 稍作更改得到它的等效实验电路如图 2.3.15 所示,在 KHDL-1 型电路实验箱上按图 2.3.15 将实验电路搭好。其中:恒流源 A1 先用 VC890D 型万用表直流电流 200 mA 挡调准 100mA 电流再接入电路;电流表 A 选用 KHDL-1 型电路实验箱下方的直流数字毫安表 200mA 挡;电压表 U 直接取自稳压电源−12V。

(3) 打开 KHDL-1 型电路实验箱上各个相应电源开关,观察并记录直流数字毫安表的数据,并与上述计算值作比较。

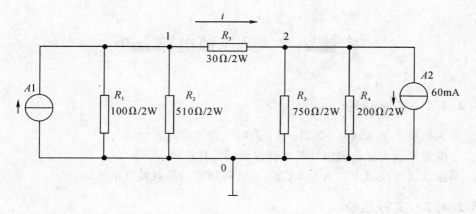

图 2.3.14

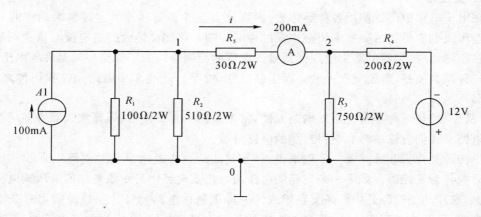

图 2.3.15

§2.3.4 实验报告要求和思考题

1. 完成实验室操作实验中网孔分析法内容,将结果记录并与理论计算结果作比较。
2. 完成实验室操作实验中结点分析法内容,将结果记录并与理论计算结果作比较。
3. 选用不同的参考结点对实验结果是否有影响?
4. 如何确定联结到结点的电流源的正负?
5. 为什么列结点方程时自导总是正的,互导总是负的?
6. 网孔电流的参考方向可以任意选定吗?为什么?

§2.3.5 实验设备和材料

1. 计算机及 Multisim 7.0 电子仿真软件。
2. KHDL-1 型电路实验箱。
3. MF-500 型万用表、数字万用表。

实验 2.4　受控源电路分析

§ 2.4.1　实验目的

1. 掌握用电子仿真软件 Multisim 7 进行受控源电路实验。
2. 了解运算放大器组成四种类型受控源的工作原理。
3. 掌握测试受控源 VCCS 和 CCVS 的转移特性及负载特性的方法。

§ 2.4.2　实验原理

1. 受控源

在电子电路中广泛使用各种晶体管、运算放大器等多端器件。这些多端元件的某些端钮的电压或电流受到另一些端钮电压或电流的控制。例如晶体管的集电极电流受到基极电流的控制,运算放大器的输出电压受到输入电压的控制等。为了模拟多端器件各电压、电流间的这种耦合关系,需要定义一些多端电路元件(模型),这些多端电路元件我们称之为"受控源"。

"受控源"是一种非常有用的电路元件,常用来模拟含晶体管、运算放大器等多端器件的电子电路。我们应该掌握含"受控源"的电路分析。

受控源又称为非独立源。一般来说,一条支路的电压或电流受本支路以外的其他因素控制时统称为受控源。如果一条支路的电压或电流受电路中另一条支路的电压或电流控制的情况,这样的受控源是由两条支路组成的一种理想化电路元件。受控源的第一条支路是控制支路,呈开路或短路状态;第二条支路是受控支路,它是一个电压源或电流源,其电压或电流的量值受第一条支路的电压或电流的控制。这样的受控源可以分成四种类型:分别称为电流控制的电压源(CCVS),电压控制的电流源(VCCS),电流控制的电流源(CCCS)和电压控制的电压源(VCVS),如图 2.4.1 所示。

如果受控源是线性的,则每种受控源可分别由两个线性代数方程来描述:

$$\text{CCVS}: u_1 = 0 \qquad u_2 = r i_1 \tag{2.4.1}$$

$$\text{VCCS}: i_1 = 0 \qquad i_2 = g u_1 \tag{2.4.2}$$

$$\text{CCCS}: u_1 = 0 \qquad i_2 = \alpha i_1 \tag{2.4.3}$$

$$\text{VCVS}: i_1 = 0 \qquad u_2 = \mu u_1 \tag{2.4.4}$$

其中 r 具有电阻量纲,称为转移电阻;g 具有电导量纲,称为转移电导;α 的量纲为一,称为转移电流比;μ 的量纲亦为一,称为转移电压比。当受控源的控制系数 r,g,α 和 μ 为常量时,它们是时不变双口电阻元件。

受控源与独立电源的特性完全不同,它们在电路中起的作用也完全不同。

独立电源是电路的输入或激励,它为电路提供按给定时间函数变化的电压和电流,从而在电路中产生电压和电流。受控源则描述电路中两条支路电压和电流的一种约束关系,它的存在可以改变电路中的电压和电流,使电路特性发生变化。

假如电路中不含独立电源,不能为控制支路提供电压或电流,则线性受控源以及整个线

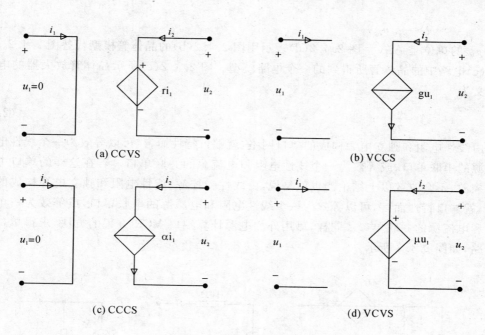

图 2.4.1

性电阻电路的电压和电流将全部为零。

用图 2.4.2 举例说明如何使用受控源来模拟电子器件。在一定条件下,图 2.4.2(a)所示的晶体管可以用图 2.4.2(b)所示模型来表示。

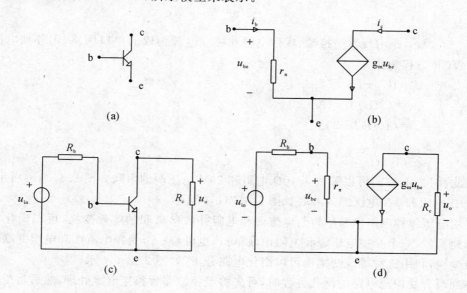

图 2.4.2

这个模型由一个受控源和一个电阻构成,这个受控源受与电阻并联的开路的控制,控制电压是 u_{be},受控源的控制系数是转移电导 g_m。在这个模型中,受控源是用来表示晶体管的电流 i_C 与电压 u_{be} 成正比的性质,即

$$i_C = g_m u_{be} \tag{2.4.5}$$

其中 g_m 的单位是 A/V。图 2.4.2(d) 表示用图 2.4.2(b) 的晶体管模型代替图 2.4.2

(c) 电路中的晶体管所得到的一个电路模型。图 2.4.2(c) 所示晶体管放大器的电压增益定义为

$$A = \frac{u_0}{u_{in}} \tag{2.4.6}$$

由线性电阻和独立电源构成的单口网络,就端口特性而言,可以等效为一个线性电阻和电压源的串联单口,或等效为一个线性电阻和电流源的并联单口。若在这样的单口中还存在受控源,不会改变以上结论。也就是说,由线性受控源、线性电阻和独立电源构成的单口网络,就端口特性而言,可以等效为一个线性电阻和电压源的串联单口,或等效为一个线性电阻和电流源的并联单口。同样,可用外加电源计算端口 VCR 方程的方法,求得单口的等效电路,如图 2.4.3 所示。

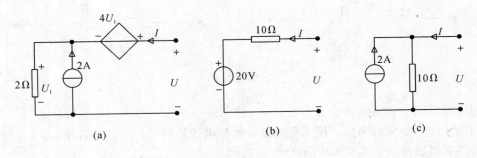

图 2.4.3

图 2.4.3(a) 是由线性受控源、线性电阻和独立电源构成的单口网络,用外加电源法求得单口 VCR 方程为:

$$U = 4U_1 + U_1 = 5U_1$$

其中　　　　$U_1 = (2\Omega)(I + 2A)$

得到　　　　$U = (10\Omega)I + 20V$

或　　　　　$I = \frac{1}{10\Omega}U - 2A$

因此,图 2.4.3(a) 可以等效为 10Ω 电阻和 20V 电压源的串联如图 2.4.3(b) 所示,或等效为 10Ω 电阻和 2A 电流源的并联如图 2.4.3(c) 所示。

利用电压源和电阻串联单口与电流源和电阻并联单口间的等效变换,可以简化电路分析。与此相似,一个受控电压源和电阻串联单口,也可与一个受控电流源和电阻并联单口进行等效变换,利用这种等效变换也可以简化电路分析,如图 2.4.4 所示。

在列写含受控源电路的网孔方程时,可先将受控源作为独立电源处理,然后将受控源的控制变量用网孔电流表示,再经过移项整理即可得到式(2.3.3)~(2.3.5)网孔方程。

在列写含受控源电路的结点方程时,可先将受控源作为独立电源处理,然后将受控源的控制变量用结点电压表示,再经过移项整理即可得到式(2.3.16)~(2.3.18)结点方程。

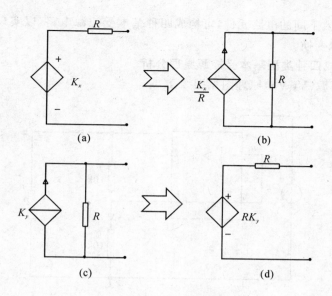

图 2.4.4

2. 运算放大器

运算放大器(简称运放)的电路符号及其等效电路如图 2.4.5 所示。

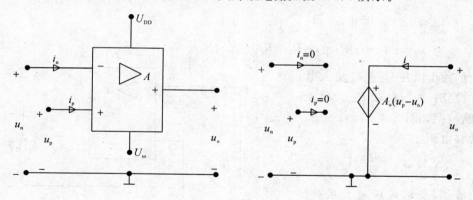

图 2.4.5

运算放大器是一个有源三端器件,它有两个输入端和一个输出端,若信号从"＋"端输入,则输出信号与输入信号相位相同,故称为同相输入端;若信号从"－"端输入,则输出信号与输入信号相位相反,故称为反相输入端。

运算放大器的输出电压为 $u_\text{o}=A_\text{o}(u_\text{p}-u_\text{n})$,其中 A_o 是运放的开环电压放大倍数,在理想情况下,A_o 与运放的输入电阻 R_i 均为无穷大,因此有 $u_\text{p}=u_\text{n}$,$i_\text{p}=\dfrac{u_\text{p}}{R_\text{ip}}=0$,$i_\text{n}=\dfrac{u_\text{n}}{R_\text{in}}=0$。理想运放的 $u_\text{p}=u_\text{n}$ 称为"虚短";$i_\text{p}=\dfrac{u_\text{p}}{R_\text{ip}}=0$,$i_\text{n}=\dfrac{u_\text{n}}{R_\text{in}}=0$,说明理想运放 $R_\text{i}=\infty$,理想运放的输出电阻 $R_\text{o}=0$。

理想运放的电路模型是一个受控源－电压控制电压源(即 $VCVS$),如图 2.4.5 右图所示,在它的外部接入不同的电路元件,可构成四种基本受控源电路,以实现对输入信号的各种模拟运算或模拟变换。

3. 用运放构成四种类型基本受控源原理分析

(1) 压控电压源(VCVS)原理图见图 2.4.6:

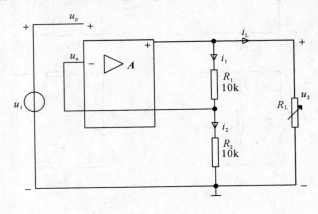

图 2.4.6

由于运放的输入端"虚短"特性,即 $u_p = u_n = u_1$,所以有 $i_2 = \dfrac{u_n}{R_2} = \dfrac{u_1}{R_2}$,又因运放输入电阻 R_i 为 ∞,所以有 $i_1 = i_2$ 因此,

$$u_2 = i_1 R_1 + i_2 R_2 = i_2(R_1 + R_2) = \frac{u_1}{R_2}(R_1 + R_2) = (1 + \frac{R_1}{R_2})u_1 \tag{2.4.7}$$

即运放的输出电压 u_2 只受输入电压 u_1 的控制,而与负载 R_L 大小无关,电路模型如图 2.4.1(d)。

转移电压比

$$\mu = \frac{u_2}{u_1} = 1 + \frac{R_1}{R_2} \tag{2.4.8}$$

μ 为无量纲,又称电压放大系数。这里的输入、输出有公共接地点,这种联接方式称为共地联接。

(2) 压控电流源(VCCS)原理图见图 2.4.7:

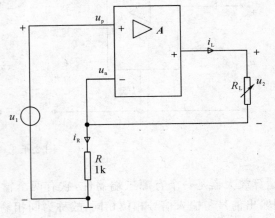

图 2.4.7

运放的输出电流 $i_L = i_R = \dfrac{u_n}{R}$

$$= \frac{u_1}{R} = \frac{1}{R}u_1 \tag{2.4.9}$$

即运放的输出电流 i_L 只受输入电压 u_1 的控制,而与负载 R_L 大小无关,电路模型如图 2.4.1(b)。

转移电导 $g = \dfrac{1}{R}$(S)

这里的输入、输出无公共接地点,这种联接方式称为浮地联接。

(3)流控电压源(CCVS)原理图见图 2.4.8:

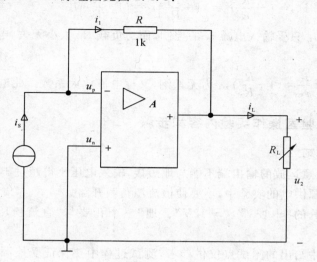

图 2.4.8

由于运放的"+"端接地,所以 $u_p = 0$,"一"端电压 u_n 也等于零,此时运放的"一"端称为虚地点。显然,流过电阻 R 的电流 i_1 就等于网络的输入电流 i_S。此时运放的输出电压

$$u_2 = -i_1 R = -i_S R \qquad\qquad (2.4.10)$$

即运放的输出电压 u_2 只受输入电流 i_S 的控制,而与负载 R_L 大小无关,电路模型如图 2.4.1(a)。

转移电阻 $r = \dfrac{u_2}{i_S} = -R(\Omega)$,此电路亦为共地联接。

(4)流控电流源(CCCS)原理图见图 2.4.9:

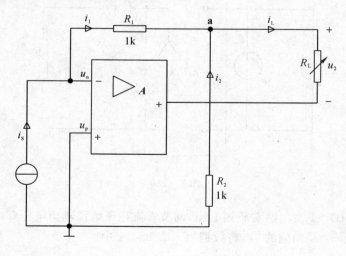

图 2.4.9

图中 $u_a = -i_2 R_2 = -i_1 R_1$

$$i_L = i_1 + i_2 = i_1 + \frac{R_1}{R_2} i_1 = \left(1 + \frac{R_1}{R_2}\right) i_1 = \left(1 + \frac{R_1}{R_2}\right) i_S \tag{2.4.11}$$

即运放的输出电流 i_L 只受输入电流 i_S 的控制,而与负载 R_L 大小无关,电路模型如图 2.4.1 (c)。

转移电流比 $\alpha = \dfrac{i_L}{i_S} = \left(1 + \dfrac{R_1}{R_2}\right)$,$\alpha$ 为无量纲,又称电流放大系数。此电路为浮地联接。

§2.4.3 实验室操作实验内容和步骤

1. 实验注意事项

(1) 实验中,注意运放的输出端不能与地短接,输入电压不得超过 10V。

(2) 在用恒流源供电的实验中,不要使恒流源负载开路。

(3) 受控源部分的"+12V"、"−12V"、"地"三个孔要与"直流稳压源"框内对应插孔相连。

(4) 实验表格中给出的测试点仅供参考,测试过程中要保证受控源工作在线性区。同一个表格中,当发现前面测试数据算出来的 r_m、$g(S)$ 与后面测试数据算出来的 r_m、$g(S)$ 相差较大时,说明此时受控源已工作在非线性区。

2. 测量受控源 VCCS 的转移特性 $I_L = f(U_1)$ 及负载特性 $U_2 = f(R_L)/U_1$ 定值

(1) 在 KHDL-1 型电路实验箱上搭建如图 2.4.10 所示实验电路。其中:U_1 为可调直流稳压电源,取自 KHDL-1 型电路实验箱左下角直流稳压电源,"输出粗调"旋钮置 0~10V 挡,先将"输出细调"旋钮逆时针旋到底;将"受控源"和负载电阻 R_L 之间串入直流数字毫安表;R_L 用可调电阻,取自 KHDL-1 型电路实验箱右下角可调电阻,使 $R_L = 2k\Omega$;V 用 VC890D 万用表直流电压 20V 挡测量。

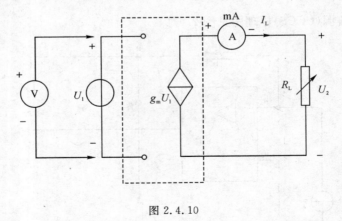

图 2.4.10

(2) 打开 KHDL-1 型电路实验箱电源,调节直流稳压电源输出电压 U_1,使其在 0~10V 范围内取值,测量 U_1 及相应的 I_L,将数据填入表 2.4.1 中。

表 2.4.1

测量值	U_1(V)	1	2	3	4	5	6	7
	I_L(mA)							
理论计算值	g(S)							
实验计算值	g(S)							

（3）根据表 2.4.2 数据绘制受控源 VCCS 的转移特性 $I_L = f(U_1)$ 曲线。

（4）保持 $U_1 = 2$V，改变可调电阻旋钮位置，阻值从 1kΩ 逐渐增加到 10kΩ，测量相应的 I_L 和 U_2（用万用表 20V 挡测），将它们填入表 2.4.2 中

表 2.4.2

R_L(kΩ)	1	2	3	4	5	6	7	8	9	10
I_L(mA)										
U_2(V)										

（5）根据表 2.4.2 数据绘制受控源 VCCS 的负载特性 $U_2 = f(R_L)|U_1 = 2$V 曲线，并求出它的转移电导 g_m。

3. 测量受控源 CCVS 的转移特性 $U_2 = f(I_S)$ 及负载特性 $I_L = f(R_L)/I_S$ 定值：

（1）在 KHDL-1 型电路实验箱上搭建如图 2.4.11 所示实验电路。其中：I_S 取自 KHDL-1 型电路实验箱左下角直流恒流源，"输出粗调"旋钮置 2mA 挡，先将"输出细调"旋钮逆时针旋到底；电流表用直流数字毫安表 2mA 挡；U_2 用万用表直流 2V 挡。

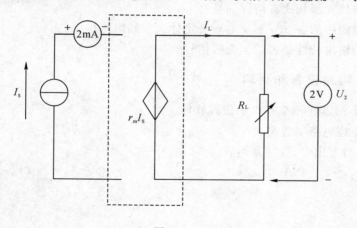

图 2.4.11

（2）固定 $R_L = 2$kΩ，调节直流恒流源输出电流 I_S，使其在 0～0.5 范围内取值，测量相应的 U_2 值，将它填入表 2.4.3 中。

（3）根据表 2.4.3 数据绘制受控源 CCVS 的转移特性 $U_2 = f(I_S)$ 曲线，并在其线性部分求出转移电阻 r_m。

（4）保持 $I_S = 0.3$mA，调节 R_L 从 1kΩ 到 10kΩ，测量 U_2 和 I_L 值，将它们填入表 2.4.4中。

表 2.4.3

测量值	$I_S(mA)$	0.1	0.2	0.25	0.3	0.35	0.3	0.45	0.5
	$U_2(V)$								
理论计算值	$r_m(k\Omega)$								
实验计算值	$r_m(k\Omega)$								

表 2.4.4

$R_L(k\Omega)$	1	2	3	4	5	6	7	8	9	10
$I_L(mA)$										
$U_2(V)$										

（5）根据表 2.4.4 数据绘制受控源 CCVS 的负载特性负载特性 $I_L = f(R_L) \mid I_S = 0.3mA$ 曲线,并求出它的转移电阻 r_m。

§2.4.4 实验报告要求和思考题

1. 测量并绘制受控源 VCCS 的转移特性曲线 $I_L = f(U_1)$ 及负载特性曲线 $I_L = f(U_2)$,并求出它的转移电导 g_m。

2. 测量并绘制受控源 CCVS 的转移特性曲线 $U_2 = f(I_S)$ 及负载特性曲线 $U_2 = f(I_L)$,并求出它的转移电阻 r_m。

3. 若受控源控制量的极性反向,其输出极性是否发生变化？

4. 受控源与独立源相比有何异同点？

5. 四种受控源中的 μ、β、g 和 α 的意义是什么？如何测得？

6. 受控源的输出特性是否适于交流信号？

§2.4.5 实验设备和材料

1. 计算机及 Multisim 7.0 电子仿真软件。

2. KHDL-1 型电路实验箱。

3. MF-500 型万用表、数字万用表。

实验 2.5　叠加定理研究

§2.5.1　实验目的

1. 了解叠加定理表述的内容。
2. 学会用电子仿真软件 Multisim 7 进行叠加定理的验证。
3. 通过实验验证叠加定理的正确性,从而加深对线性电路的叠加性和齐次性的认识和理解。

§2.5.2　实验原理

由独立电源和线性电阻元件(线性电阻、线性受控源等)组成的电路,称为线性电路。描述线性电阻电路各电压电流关系的各种电路方程,是一组线性代数方程。例如上面提到的网孔方程(参阅式 2.3.3~2.3.5)或结点方程,参阅式(2.3.16)~(2.3.18),是以网孔电流或结点电压为变量的一组线性代数方程。作为电路输入或激励的独立电源,其 u_S 和 i_S 总是作为已知量出现在这些方程的右边。求解这些电路方程得到的各支路电流和电压(称为输出或响应)是独立电源 u_S 和 i_S 的线性函数。电路响应与激励之间的这种线性关系称为叠加性,它是线性电路的一种基本性质。

例如图 2.5.1 是双输入电路,其网孔方程为

$$(R_1+R_2)i_1+R_2i_3=u_S \tag{2.5.1}$$

$$i_3=i_S \tag{2.5.2}$$

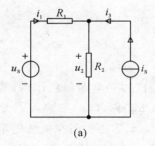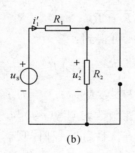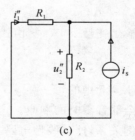

(a)　　　　　　(b)　　　　　　(c)

图 2.5.1

求解两式可以得到电阻 R_1 的电流 i_1 和电阻 R_2 上的电压 u_2

$$i_1=\frac{1}{R_1+R_2}u_S+\frac{-R_2}{R_1+R_2}i_S=i_1{}'+i_1{}'' \tag{2.5.3}$$

其中:

$$i_1{}'=i_1\bigg|_{i_S=0}=\frac{1}{R_1+R_2}=u_S$$

$$i_2{}''=i_1\bigg|_{u_S=0}=\frac{-R_2}{R_1+R_2}i_S$$

$$u_2 = \frac{R_2}{R_1 + R_2} u_S + \frac{R_1 R_2}{R_1 + R_2} i_S = u_2' + u_2'' \tag{2.5.4}$$

其中：

$$u_2' = u_2 \bigg|_{i_S = 0} = \frac{R_2}{R_1 + R_2} u_S$$

$$u_2'' = u_2 \bigg|_{u_S = 0} = \frac{R_1 R_2}{R_1 + R_2} i_S$$

从式 2.5.3 和 2.5.4 可以看到：电流 i_1 和电压 u_2 均由两项相加而成。第一项 i_1' 和 u_2' 是该电路在独立电流源开路（$i_S = 0$）时，由独立电压源单独作用所产生的 i_1 和 u_2，如图 2.5.1(b)所示。第二项 i''_1 和 u''_2 是该电路在独立电压源短路（$u_S = 0$）时，由独立电流源单独作用所产生的 i_1 和 u_2，如图 2.5.1(c)所示。以上叙述表明，由两个独立电源共同产生的响应，等于每个独立电源单独作用所产生响应之和。线性电路的这种叠加性称为叠加定理，其陈述为：由全部独立电源在线性电阻电路中产生的任一电压或电流，等于每一个独立电源单独作用所产生的相应电压或电流的代数和。在计算某一独立电源单独作用所产生的电压或电流时，应将电路中其他独立电压源用短路（$u_S = 0$）代替，而其他独立电流源用开路（$i_S = 0$）代替。也就是说，只要电路存在唯一解，线性电阻电路中的任一结点电压、支路电压或支路电流均可表示为以下形式

$$y = H_1 u_{S1} + H_2 u_{S2} + \cdots + H_m u_{Sm} + K_1 i_{S1} + K_2 i_{S2} + \cdots + K_n i_{Sn} \tag{2.5.5}$$

式中 $u_{Sk}(k = 1, 2, \cdots, m)$ 表示电路中独立电压源的电压；$i_{Sk}(k = 1, 2, \cdots, n)$ 表示电路中独立电流源的电流。$H_k(k = 1, 2, \cdots, m)$ 和 $K_k(k = 1, 2, \cdots, n)$ 是常量，它们取决于电路的参数和输出变量的选择，而与独立电源无关。例如，对图 2.5.1 电路中的输出变量 i_1 来说，同式（2.5.3）可得到：

$$H_1 = \frac{1}{R_1 + R_2} \qquad K_1 = \frac{-R_2}{R_1 + R_2}$$

对输出变量 u_2 来说，由式 2.5.4 可得到：

$$H_1 = \frac{R_2}{R_1 + R_2} \qquad K_1 = \frac{R_1 R_2}{R_1 + R_2}$$

式 2.5.5 中的每一项 $y(u_{Sk}) = H_k u_{Sk}$ 或 $y(i_{Sk}) = K_k i_{Sk}$ 是该独立电源单独作用，其余独立电源全部置零时的响应。这个线性函数表明 $y(u_{Sk})$ 与输入 u_{Sk} 或 $y(i_{Sk})$ 与输入 i_{Sk} 之间存在正比例关系，这是线性电路具有"齐次性"的一种体现。式 2.5.5 还表明在线性电阻电路中，由几个独立电源共同作用产生的响应，等于每个独立电源单独作用产生的响应之和，这是线性电路具有"可叠加性"的一种体现。利用叠加定理反映的线性电路的这种基本性质，可以简化线性电路的分析和计算。

§2.5.3　实验室操作实验内容和步骤

1. 实验注意事项：

（1）测量各支路电流时，应注意仪表的极性，及数据表格中"＋"、"－"号的记录。

（2）注意仪表量程及时更换，以免损坏仪表。

（3）测量电压、电流数据时，根据电路图中标定的参考方向去接仪表；在此前提下仪表显示数据为负值就将相应负号抄写入表格。

2. KHDL-1 型电路实验箱上叠加定理实验电路如图 2.5.3 所示。其中：电源 E_1 直接取自实验箱左下角直流稳压电源＋12V；电源 E_2 先用万用表调准＋6V 再接入电路；I_1、I_2、I_3 均利用直流数字毫安表串入测量，测其中一路电流时，另两路两插孔用导线短接；各电阻上的电压均用 VC890D 型万用表的直流电压挡测量。

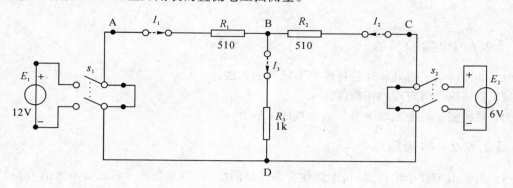

图 2.5.3

3.分别合上开关 S_1 或 S_2 或同时合上 S_1 和 S_2，将各种情况所得电流、电压表数据记录在表 2.5.1 中。

表 2.5.1

测量项目 实验内容	E_1 (V)	E_2 (V)	$I_1(A_1)$ (mA)	$I_2(A_2)$ (mA)	$I_3(A_3)$ (mA)	U_{AB} (V)	U_{BC} (V)	U_{CD} (V)	U_{DA} (V)	U_{BD} (V)
E1 单独作用	12	0								
E2 单独作用	0	6								
共同作用	12	6								

3. 通过式 2.5.5 计算 U_{AB}、U_{BC}、U_{BD} 和 I_1、I_2、I_3，并与表 2.5.2 数据作比较。

§2.5.4 实验报告要求和思考题

1. 完成实验室操作实验内容，通过式 2.5.5 计算 U_{AB}、U_{BC}、U_{BD} 和 I_1、I_2、I_3，并与表 2.5.2数据作比较，验证叠加定理的正确性，并讨论线性电路具有"齐次性"和"可叠加性"的性质。

2. 实验线路中电压源 E 不作用，是指将电压源 E 本身短路吗？

3. 若将一电阻元件改为二极管，那么叠加定理与齐次性还成立吗？为什么？

4. 各电阻器所消耗的功率能否用叠加定理计算得出？为什么？

§2.5.5 实验设备和材料

1.计算机及 Multisim 7.0 电子仿真软件。

2.KHDL-1 型电路实验箱。

3.MF-500 型万用表、数字万用表。

实验2.6 戴维南定理和有源二端网络
等效参数的测定

§2.6.1 实验目的

1. 掌握用电子仿真软件验证戴维南定理的方法。
2. 验证戴维南定理的正确性。
3. 掌握测量有源二端网络等效参数的一般方法。

§2.6.2 实验原理

1. 戴维南定理指出：任何一个线性含源二端网络 N，就其现两个端钮 a、b 来看，总可以用一个电压源和串联电阻支路来代替，如图2.6.1所示。

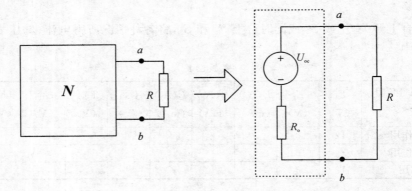

图2.6.1

电压源的电压等于该网络 N 的开路电压 U_{oc} 如图2.6.2左图所示；其串联电阻 R_o 等于该网络中所有独立源为零时所得网络 N_0 的等效电阻 R_{ab} 如图2.6.2右图所示。

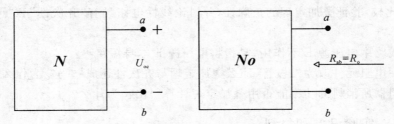

图2.6.2

图2.6.1中虚线框内电路称为"戴维南等效电路"。

2. 同上述戴维南定理相似，电路分析中另一个广为应用的诺顿定理指出：任何一个线性含源二端网络 N，就其现两个端钮 a、b 来看，总可以用一个电流源和并联电阻支路来代替,如图 2.6.3 所示。

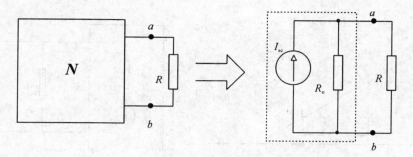

图 2.6.3

电流源的电流等于该网络 N 的短路电流 I_{sc} 如图 2.6.4 左图所示;其并联电阻 R_o 等于该网络中所有独立源为零时所得网络 N_o 的等效电阻 R_{ab} 如图 2.6.4 右图所示。

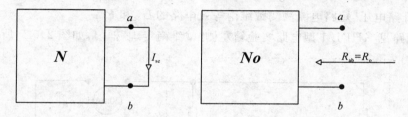

图 2.6.4

图 2.6.3 中虚线框内电路称为"诺顿等效电路"。

3. 有源二端网络等效参数的测量方法:

(1) 开路电压,短路电流法:

在有源二端网络输出端开路时,用电压表直接测其输出端的开路电压 U_{oc},然后再将其输出端短路,用电流表测其短路电流 I_{sc},则内阻为:

$$R_o = \frac{U_{oc}}{I_{sc}} \tag{2.6.1}$$

(2) 伏安法:

用电压表、电流表测出有源二端网络的外特性如图 2.6.5 所示。根据外特性曲线求出斜率 $\tan\phi$,则内阻:

$$R_o = \tan\phi = \frac{\Delta U}{\Delta I} = \frac{U_{oc}}{I_{sc}} \tag{2.6.2}$$

(3) 半电压法:

如图 2.6.6 所示,当负载电压为被测网络开路电压一半时,负载电阻(由电阻箱的读数确定)即为被测有源二端网络的等效内阻值。

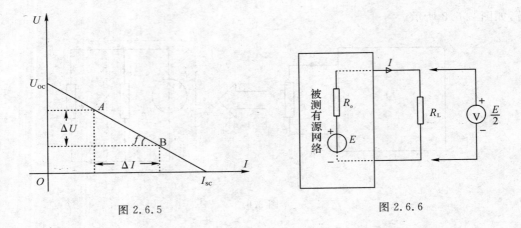

图 2.6.5   图 2.6.6

§2.6.3　实验室操作实验内容和步骤

1. 用开路电压、短路电流法测戴维南等效电路的 U_{oc} 和 R_o：

实验电路见 KHDL-1 型电路实验箱左侧"戴维南定理"框内，如图 2.6.7 所示。

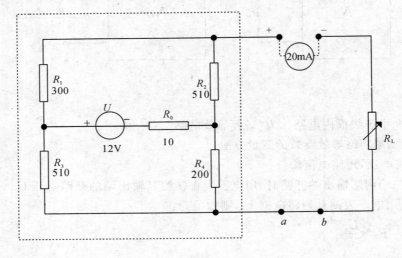

图 2.6.7

　　(1) 电压 U 直接取自实验箱下方 +12V 电源；将数字万用表红表笔插入电流表"+"孔，黑表笔插入"a"孔，数字万用表置直流 20V 挡，打开 KHDL-1 型电路实验箱各相关电源开关，观察并将数字万用表电压数据 U_{oc} 记入表 2.6.1 中。

　　(2) 关闭 KHDL-1 型电路实验箱各相关电源开关，将实验箱下方直流数字毫安表 (20mA 挡) 代替数字万用表位置，打开 KHDL-1 型电路实验箱各相关电源开关，观察并将直流数字毫安表数据 I_{sc} 记入表 2.6.1 中。

　　(3) 根据表 2.6.1 数据计算有源二端网络电路的内阻，将它填入表中。

表 2.6.1

$U_{oc}(V)$	$I_{sc}(mA)$	$R_o = \dfrac{U_{oc}}{I_{sc}}(\Omega)$

2. 有源二端网络电路的负载外特性的测试:

(1) 实验电路参考图 2.6.7:"a"、"b"两孔用导线连通;直流数字毫安表(20mA 挡)仍串入电流表位置;用数字万用表直流 20V 挡并接在负载电阻两端测电压;负载电阻用实验箱右下角可变电阻,先测 $R_L = 0$ 时的电压和电流,然后再接入负载电阻并按表 2.6.2 要求逐渐改变负载电阻阻值,将测得的电压和电流值填入表 2.6.2 中。

(2) 根据表 2.6.2 数据画出有源二端网络电路的负载外特性曲线。

表 2.6.2

$R_L(k\Omega)$	0	1	2	3	4	5	6	7	8	9	10	∞
$U(V)$												
$I(mA)$												

3. 验证戴维南定理:

(1) 参阅表 2.6.1 数据,在 KHDL-1 型电路实验箱上搭建如图 2.6.8 所示实验电路。其中:U_{oc} 用实验箱下方直流稳压电源,将"输出粗调"置 0~10V 挡,先将数字万用表(直流 20V 挡)插入"0~30V"插孔内,调"输出细调"使其显示为 U_{oc} 值,然后接入电路;R_o 用实验箱"戴维南定理"框内 1k 电位器(注:调电位器时要使电位器与电路断开),先用数字万用表(欧姆 2k 挡)调准 R_o 后再接入电路;电流表用实验箱上的直流数字毫安表(20mA 挡)串入电路;负载电阻 R_L 用实验箱右下角可变电阻;电压表用数字万用表(直流 20V 挡)并联在负载电阻 R_L 两端测电压。

(2) 打开实验箱各相关电源开关,按表 2.6.3 要求测量,将所测数据与表 2.6.2 相比较,验证戴维南定理正确性。

表 2.6.3

$R_L(k\Omega)$	0	1	2	3	4	5	6	7	8	9	10	∞
$U(V)$												
$I(mA)$												

4. 用万用表直接测有源二端网络的内阻:

将实验箱"戴维南定理"框内电压源 U_S 断开,在原先 U_S 位置用导线连接,再用数字万用表(欧姆 2k 挡)直接插入图 2.6.8 中电流表"+"孔和"a"孔,测出二端网络的内阻。

*5. 用"半电压法"测量有源二端网络的内阻 R_o 和开路电压 U_{oc},实验电路、步骤和表格要求自己设计。

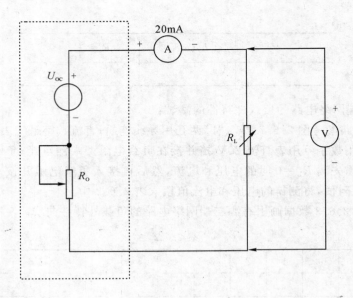

图 2.6.8

§2.6.4 实验报告要求和思考题

1. 完成实验室操作实验 1. 内容,并记录表格和计算有关值。

2. 完成实验室操作实验 2. 内容,并记录表格和绘制有源二端网络电路的负载外特性曲线。

3. 验证和叙述戴维南定理的正确性。

4. 设计用“半电压法”和“零示法”测量有源二端网络的内阻 R_o 和开路电压 U_{oc} 的实验电路、步骤和表格。

5. 给一线性有源一端口网络,在不测 I_{SC} 和 U_{ot} 的情况下,如何用实验方法求得其等效参数?

6. 实际电压源与实际电流源等效变换的条件是什么? 所谓“等效”是对谁而言? 电压源与电流源能否等效变换?

7. 在什么情况下才可以用欧姆表测量有源二端网络的等效电阻?

8. 说明测有源二端网络开路电压及等效内阻的几种方法,并比较其优缺点。

§2.6.5 实验设备和材料

1. 计算机及 Multisim 7.0 电子仿真软件。

2. KHDL-1 型电路实验箱。

3. MF-500 型万用表。

4. 数字万用表。

实验 2.7 双口网络的参数测定

§ 2.7.1 实验目的

1. 加深理解双口网络的基本原理。
2. 掌握无源线性双口网络传输参数的测量技术。
3. 验证双口网络级联后的等效双口网络的传输参数。

§ 2.7.2 实验原理

1. 双口网络的电压电流关系

双口网络有两个端口电压 u_1、u_2 和两个端口电流 i_1、i_2，如图 2.7.1 所示。

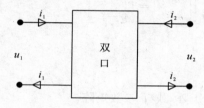

图 2.7.1

线性电阻双口网络的流控表达式为：

$$\begin{cases} u_1 = R_{11} i_1 + R_{12} i_2 \\ u_2 = R_{21} i_1 + R_{22} i_2 \end{cases} \tag{2.7.1}$$

矩阵形式为：

$$\begin{bmatrix} u_1 \\ u_2 \end{bmatrix} = \begin{bmatrix} R_{11} & R_{12} \\ R_{21} & R_{22} \end{bmatrix} \begin{bmatrix} i_1 \\ i_2 \end{bmatrix} = R \begin{bmatrix} i_1 \\ i_2 \end{bmatrix} \tag{2.7.2}$$

其中：

$$R = \begin{bmatrix} R_{11} & R_{12} \\ R_{21} & R_{22} \end{bmatrix} \tag{2.7.3}$$

称为双口网络的电阻矩阵，或 R 参数矩阵。

同理，线性电阻双口网络以电压来控制电流的压控表达式，经推导可以得到双口网络的电导矩阵，或 G 参数矩阵：

$$G = \begin{bmatrix} G_{11} & G_{12} \\ G_{21} & G_{22} \end{bmatrix}$$

另外，还有线性电阻双口网络的混合 1 表达式：

$$\begin{cases} u_1 = H_{11} i_1 + H_{12} u_2 \\ i_2 = H_{21} i_1 + H_{22} u_2 \end{cases} \tag{2.7.4}$$

用上述相同的推导，可以得到它的混合参数 1 矩阵，或 H 参数矩阵：

$$H = \begin{bmatrix} H_{11} & H_{12} \\ H_{21} & H_{22} \end{bmatrix}$$

同理,线性电阻双口网络的混合 2 表达式:

$$\begin{cases} i_1 = H_{11}{}'u_1 + H_{12}{}'i_2 \\ u_2 = H_{21}{}'u_1 + H_{22}{}'i_2 \end{cases} \tag{2.7.5}$$

用上述相同的推导,可以得到它的混合参数 1 矩阵,或 H 参数矩阵:

$$H' = \begin{bmatrix} H_{11}{}' & H_{12}{}' \\ H_{21}{}' & H_{22}{}' \end{bmatrix}$$

再另外,线性电阻双口网络还有传输 1 表达式:

$$\begin{cases} u_1 = Au_2 - Bi_2 \\ i_1 = Cu_2 - Di_2 \end{cases} \tag{2.7.6}$$

其矩阵形式为:

$$\begin{bmatrix} u_1 \\ i_1 \end{bmatrix} = \begin{bmatrix} A & B \\ C & D \end{bmatrix} \begin{bmatrix} u_2 \\ -i_2 \end{bmatrix} = T \begin{bmatrix} u_2 \\ -i_2 \end{bmatrix} \tag{2.7.7}$$

其中:

$$T' = \begin{bmatrix} A & B \\ C & D \end{bmatrix} \tag{2.7.8}$$

称为双口网络的传输参数 1 矩阵,或 T 参数矩阵。

同理,线性电阻双口网络的传输 2 表达式:

$$\begin{cases} u_2 = A'u_1 + B'i_1 \\ -i_2 = C'u_1 + D'i_1 \end{cases} \tag{2.7.9}$$

其中:

$$T' = \begin{bmatrix} A' & B' \\ C' & D' \end{bmatrix}$$

称为双口网络的传输参数 2 矩阵,或 T' 参数矩阵。

2. 无源线性双口网络传输参数的含义及测试:

图 2.7.2 是一个无源线性四端网络,将输出口的电压 U_2 和电流 I_2 作为自变量,以输入口的电压 U_1 和电流 I_1 作为应变量,所得该无源线性双口网络的传输方程为:

$$\begin{cases} U_1 = AU_2 + BI_2 \\ I_1 = CU_2 + DI_2 \end{cases} \tag{2.7.10}$$

图 2.7.2

式中的 A、B、C、D 为双口网络的传输参数,其值完全决定于网络的拓扑结构及支路元件的参数值,这四个参数表征了该双口网络的基本特性,它们的含义是:

$$A = \frac{U_{10}}{U_{20}}(令 I_2 = 0,即输出口开路时)$$

$$B = \frac{U_{1S}}{I_{1S}}(令 U_2 = 0,即输出口短路时)$$

$$C = \frac{I_{10}}{U_{20}}(令 I_2 = 0,即输出口开路时)$$

$$D = \frac{I_{1S}}{I_{2S}}(令 U_2 = 0,即输出口短路时)$$

由以上可知,只要在网络的输入口加上电压,在两个端口同时测量其电压和电流,即可求出 A、B、C、D 四个参数,此即为双端口同时测量法。

2. 若要测量一条运距离输电线构成的双口网络,采用同时测量法就很不方便,这时可采用分别测量法,即先在输入口加电压,而将输出口开路和短路,在输入口测量电压和电流,由传输方程可得:

$$R_{10} = \frac{U_{10}}{I_{10}} = \frac{A}{C}(令 I_2 = 0,即输出口开路时)$$

$$R_{1S} = \frac{U_{1S}}{I_{1S}} = \frac{B}{D}(令 U_2 = 0,即输出口短路时)$$

然后在输出口加电压测量,而将输入口开路和短路,此时可得

$$R_{20} = \frac{U_{20}}{I_{20}} = \frac{D}{C}(令 I_1 = 0,即输入口开路时)$$

$$R_{2S} = \frac{U_{2S}}{I_{2S}} = \frac{B}{A}(令 U_1 = 0,即输入口短路时)$$

R_{10}、R_{1S}、R_{20}、R_{2S} 分别表示一个端口开路和短路时另一端口的等效输入电阻。

$$A = \sqrt{R_{10}/(R_{20} - R_{2S})}$$

$$B = R_{2S}A$$

$$C = A/R_{10}$$

$$D = R_{20}C$$

3. 双口网络级联后的等效双口网络的传输参数亦可采用前述的方法之一求得。从理论推得两双口网络级联后的传输参数与每一个参加级联的双口网络的传输参数之间有如下的关系:

$$\left.\begin{array}{l} A = A_1 A_2 + B_1 C_2 \\ B = A_1 B_2 + B_1 D_2 \\ C = C_1 A_2 + D_1 C_2 \\ D = C_1 B_2 + D_1 D_2 \end{array}\right\} \qquad (2.7.11)$$

§2.7.3 实验室操作实验内容和步骤

1. 用同时法测定双口网络(Ⅰ)的传输参数

(1)在 KHDL-1 型电路实验箱"二端口网络"框内搭建如图 2.7.7 所示双口网络(I)实

验电路。其中：U_1 取自实验箱下方"直流稳压源"，将"输出粗调"置"0～10V"挡，调"输出细调"使万用表指示＋10V，然后再接入电路；I_1 位置串入"直流数字毫安表"200mA 挡；输出电压 U_2 用数字万用表 20V 挡接入.

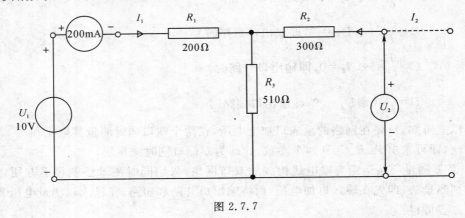

图 2.7.7

（2）打开 KHDL-1 型电路实验箱相关电源开关，测出电流、电压表数据填入表 2.7.1中。

表 2.7.1

双口网络（Ⅰ）	输出端开路 $I_{12}=0$	测量值			计算值	
		U_{110}（V）	U_{120}（V）	I_{110}（mA）	A_1	C_1
	输出端短路 $U_{12}=0$	U_{11S}（V）	I_{11S}（mA）	I_{12S}（mA）	B_1	D_1

（3）根据表 2.7.4 数据计算双口网络（Ⅰ）的传输参数，并填入表中。

2. 用同时法测定双口网络（Ⅱ）的传输参数

（1）在 KHDL-1 型电路实验箱"二端口网络"框内搭建如图 2.7.8 所示双口网络（Ⅱ）实验电路。

（2）仿照上述方法测量双口网络（II）数据，并计算出传输参数，填入表 2.7.2 中。

表 2.7.2

双口网络（Ⅱ）	输出端开路 $I_{22}=0$	测量值			计算值	
		U_{210}（V）	U_{220}（V）	I_{210}（mA）	A_2	C_2
	输出端短路 $U_{22}=0$	U_{21S}（V）	I_{21S}（mA）	I_{22S}（mA）	B_2	D_2

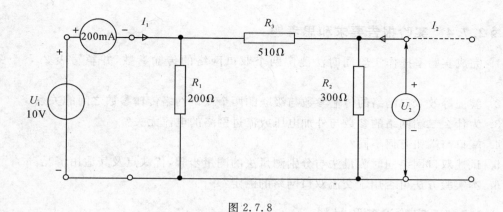

图 2.7.8

3. 用两端口分别测量法测量级联等效双口网络的传输参数

（1）在 KHDL-1 型电路实验箱"二端口网络"框内搭建如图 2.7.9 所示级联两双口网络实验电路，即将双口网络（Ⅰ）输出端与双口网络（Ⅱ）的输入端相连。

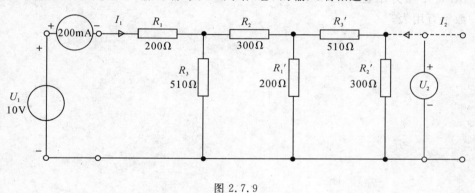

图 2.7.9

（2）仿照上述方法测量单双口网络方法，测出级联两双口网络数据，并计算出传输参数，填入表 2.7.3 中。

表 2.7.3

输出端短开路 $I_2=0$			输出端短路 $U_2=0$			计 算 传输参数
U_{10} (V)	I_{10} (mA)	R_{10} (kΩ)	U_{1S} (V)	I_{1S} (mA)	R_{1S} (kΩ)	
输入端开路 $I_1=0$			输入端短路 $U_1=0$			$A=$ $B=$ $C=$ $D=$
U_{20} (V)	I_{20} (mA)	R_{20} (kΩ)	U_{2S} (V)	I_{2S} (mA)	R_{2S} (kΩ)	

（3）根据表 2.7.6 数据，验证等效双口网络的传输参数与级联的两个双口网络传输参数之间的关系。

§2.7.4　实验报告要求和思考题

1. 完成实验室操作实验同时法测定两个双口网络的传输参数,并填写表 2.7.4~表 2.7.5。

2. 验证等效双口网络的传输参数与级联的两个双口网络传输参数之间的关系。

3. 为什么二端网络的参数与外加电压或流过网络的电流无关?

4. 端口与端钮有何不同?

5. 试述双口网络同时测量法与分别测量法的测量步骤,优缺点及其适用情况。

6. 本实验方法可否用于交流双口网络的测定?

§2.7.5　实验设备和材料

1. 计算机及 Multisim 7.0 电子仿真软件。

2. KHDL-1 型电路实验箱。

3. MF-500 型万用表。

4. 数字万用表。

实验 2.8 互易双口和互易定理研究

§2.8.1 实验目的

1. 了解互易双口概念和互易定理。
2. 掌握互易定理的仿真内容。
3. 掌握利用互易定理进行较复杂电路的求解方法、变换和计算。

§2.8.2 实验原理

仅含线性时不变两端电阻和理想变压器的双口,称为互易双口。

互易定理:对于互易双口存在以下关系:

$$R_{12} = R_{21} \tag{2.8.1}$$
$$G_{12} = G_{21} \tag{2.8.2}$$
$$H_{12} = H_{21} \tag{2.8.3}$$
$$\Delta T = T_{11} T_{22} - T_{12} T_{21} = 1 \tag{2.8.4}$$

由式 2.8.1 可知:图 2.8.1(a)的电压 $u_2 = R_{21} i_S$ 与图 2.8.1(b)的电压 $u_1 = R_{12} i_S$ 相同。也就是说,在互易网络中电流源与电压表互换位置,电压表读数不变。

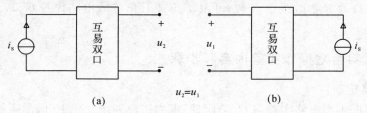

图 2.8.1

由式 2.8.2 可知:图 2.8.2(a)的电流 $i_2 = G_{21} u_S$ 与图 2.8.2(b)的电流 $i_1 = G_{12} u_S$ 相同。也就是说,在互易网络中电压源与电流表互换位置,电流表读数不变.

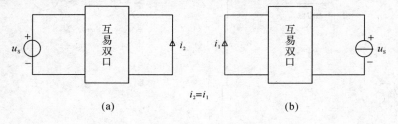

图 2.8.2

由互易定理知道,互易双口只有三个独立参数,可以用三个电阻构成的 T 形或 Π 形网络等效如图 2.8.3 所示。

图 2.8.3(a)电路的网孔方程为:

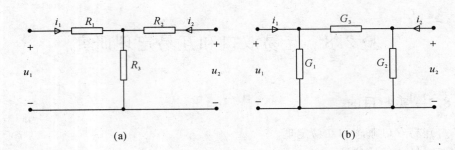

图 2.8.3

根据 P_{127} 线性电阻双口网络的流控表达式 2.7.1 $\begin{cases} u_1 = R_{11}i_1 + R_{12}i_2 \\ u_2 = R_{21}i_1 + R_{22}i_2 \end{cases}$，令其系数相等可以

得到：$R_{11} = R_1 + R_3$；$R_{22} = R_2 + R_3$；$R_{12} = R_{21} = R_3$，由此得到 T 形网络的等效条件为：

$$\left. \begin{array}{l} R_1 = R_{11} - R_{12} \\ R_2 = R_{22} - R_{21} \\ R_3 = R_{12} = R_{21} \end{array} \right\} \tag{2.8.5}$$

用类似方法，可求得 Π 形网络图 2.8.3(b) 的等效条件为：

$$\left. \begin{array}{l} G_1 = G_{11} + G_{12} \\ G_2 = G_{22} + G_{21} \\ G_3 = -G_{12} = -G_{21} \end{array} \right\} \tag{2.8.6}$$

已知互易双口的 R 参数或 G 参数，可用 T 形或 Π 形等效电路代替双口，便于简化电路分析。

§2.8.3 实验室操作实验内容和步骤

1. 验证互易定理：

(1) 在 KHDL-1 型电路实验箱"互易定理"框内搭建如图 2.8.10 所示实验电路。其中：电压源直接用实验箱下方直流稳压源 +12V；电流表用实验箱下方直流数字毫安表 200mA 挡。

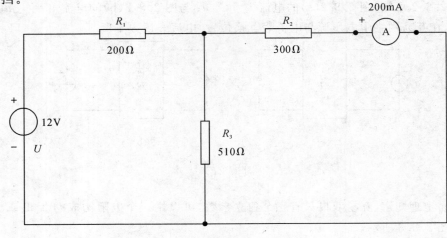

图 2.8.10

（2）打开实验箱相关电源开关，观察并记录电流表数据。

（3）关闭实验箱相关电源开关，将电压源和电流表相互交换位置，然后重新打开实验箱相关电源开关，观察并记录电流表数据，并对它们进行比较。

（4）在 KHDL-1 型电路实验箱"互易定理"框内再搭建如图 2.8.11 所示实验电路。其中：电压源直接用实验箱下方直流稳压源，先将"输出粗调"旋钮置

0～10V 挡，调"输出细调"旋钮，用 VC890D 型万用表测准＋8V 再接入电路；电流表用实验箱下方直流数字毫安表 200mA 挡。

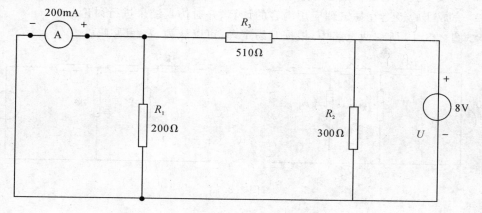

图 2.8.11

（5）打开实验箱相关电源开关，观察并记录电流表数据。

（6）关闭实验箱相关电源开关，将电压源和电流表相互交换位置，然后重新打开实验箱相关电源开关，观察并记录电流表数据，并对它们进行比较。

2. 互易定理的应用

（1）一个较复杂的有源网络见图 2.8.6 所示。在 KHDL-1 型电路实验箱上利用右下角 5 个色环电阻搭建如图 2.8.12 所示实验电路。电压源直接取自实验箱下方"直流稳压源"＋12V；电流表用"直流数字毫安表"20mA 挡。

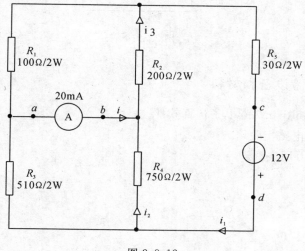

图 2.8.12

（2）仿照上述仿真实验（2），计算出图 2.8.12 所示电路中的电流 i。

（3）打开实验箱相关电源开关，观察并记录电流表数据，并与计算结果相比较。

（4）关闭实验箱相关电源开关，将电压源和电流表相互交换位置，然后重新打开实验箱相关电源开关，观察并记录电流表数据，并与（3）.结果相比较。

§2.8.4　实验报告要求和思考题

1. 完成实验箱上的验证互易定理内容，并作记录。

2. 完成实验箱上互易定理应用内容的计算、并对仿真结果进行讨论。

3. 图 2.8.13 所示两电路中，根据互易定理，可以认为 $U_1 = U_2$ 吗？

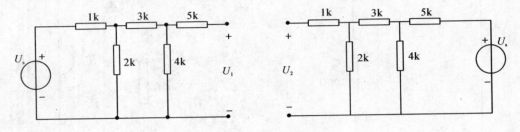

图 2.8.13

4. 图 2.8.14 电路中，当 $I_s = 10A$ 时，$U_{cd} = -2V$。若 $I_s = 20A$ 施于端钮 cd，而把 ab 端的电流源移去，问 ab 的电压 U_{ab} 多大？假定 20A 电流源从 d 端流入。

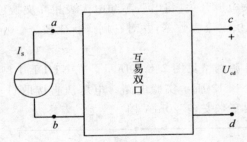

图 2.8.14

§2.8.5　实验设备和材料

1. 计算机及 Multisim7.0 电子仿真软件。

2. KHDL-1 型电路实验箱。

3. MF-500 型万用表。

4. 数字万用表。

实验 2.9　RC 一阶电路的过渡过程

§2.9.1　实验目的

1. 掌握利用电子仿真软件 Multisim 7 设计和完成 RC 一阶电路和微分、积分电路虚拟实验。

2. 了解 RC 一阶电路中电容的充、放电过程,并能掌握电容的充、放电时间常数的计算方法。

3. 了解微分电路和积分电路的组成,并能掌握选择和计算参数值。

§2.9.2　实验原理

我们把电路从一个稳态到另一个稳态的变化过程称为电路的过渡过程,也称电路的暂态过程。暂态过程的产生,是由于电路中存在电容、电感等储能元件,由于储能元件所存储的能量在换能的瞬间不能发生突变,即电容两端的电压和流过电感的电流不能发生突变。

电路中只有一个独立储能元件的电路,称为一阶电路。一阶电路响应和激励关系的电路是用线性常系数一阶常微分方程来描述的。根据分析,一阶电路的暂态响应曲线呈指数变化规律。

在 RC 电路中,电容元件是一个储能元件。当加在电容两端的电压发生改变时,由于电容两端的电压不能发生突变,电路从先前稳态到从新建立稳态需要一个过程,这个过程是随时间按指数规律变化的,变化快慢由时间常数 τ 决定。根据电路储能及激励情况,响应可分为零输入响应、零状态响应和全响应,根据叠加原理,全响应=零输入响应+零状态响应。

零状态响应是电路的初始状态(储能)为零,由外加激励而产生的响应,电容电压为:

$$u_C(t) = U_S(1 - e^{-\frac{t}{\tau}}) \tag{2.9.1}$$

其中,U_S 为电容达到稳态时的电压、$\tau = RC$,这就是电容的充电过程。

零输入响应是电路的输入为零,由电路的初始状态(储能)产生的响应,电容电压为:

$$u_C(t) = u_C(0^+) e^{-\frac{t}{\tau}} \tag{2.9.2}$$

其中,u_C 为电容的瞬时电压、$\tau = RC$,这就是电容的放电过程。

电容的充、放电过程曲线图 2.9.1 所示。

一阶电路的全响应就是零输入响应和零状态响应的叠加在一起的整个过程,即从初始值开始按指数规律变化一直到新的稳态建立的响应全过程,用式子表示为:

$$u_C(t) = U_S(1 - e^{-\frac{t}{\tau}}) + u_C(0_+) e^{-\frac{t}{\tau}} = U_S + [u_C(0_+) - U_S] e^{-\frac{t}{\tau}} \tag{2.9.3}$$

由于电容全部充好电到达稳态时间很长,理论上计算应该是 ∞,一般我们定义:当电容充电到稳态值电压的 63% 左右时所对应的时间(注:图中用 RC 标出),就是一阶电路的电容充电时间常数 τ,如图 2.9.1 左图所示。

同样,电容全部放完电到达稳态时间也很长,理论上计算也是 ∞,一般我们定义:当电容放电到零状态电压的 37% 左右时所对应的时间(注:图中用 RC 标出),就是一阶电路的电容

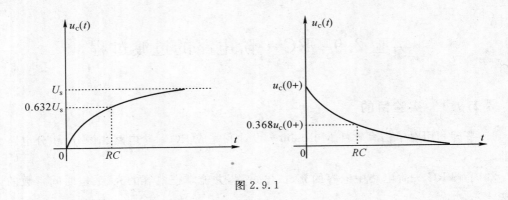

图 2.9.1

放电时间常数 τ，如图 2.9.1 右图所示。

微分电路和积分电路是 RC 一阶电路中较典型的电路,它对电路元件参数和输入信号的周期有特定的要求。一个简单的 RC 串联电路,在方波序列脉冲的重复激励下,当满足 τ $=RC\ll\dfrac{T}{2}$ 时(T 为方波脉冲的重复周期),且由 R 端作出响应输出,如图 2.9.2(a)所示,即构成微分电路;若将图 2.9.2(a)中的 R 与 C

的位置交换一下,即由 C 端作为响应输出,且当电路参数的选择 $\tau=RC\gg\dfrac{T}{2}$ 条件时,如图 2.9.2(b)所示,即构成积分电路。

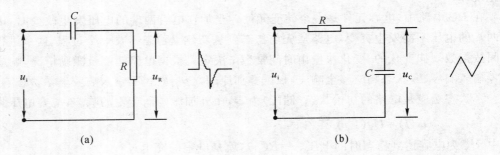

图 2.9.2

§2.9.3 实验室操作实验内容和步骤

1. RC 一阶电路:

(1) 在 KHDL-1 型电路实验箱左上角"一阶二阶动态电路"框内,将 30k 电阻和 3300P 电容的钮子开关置"通"位置,其他各钮子开关均置"断"位置。组成一阶电路如图 2.9.3 所示。

(2) 将 DF1641B1 型函数信号发生器电源开关打开,设置成 1kHz、3V(用 DF2175 型交流毫伏表测读,以下均相同)方波信号从一阶动态电路输入端输入。

(3) 将 YB43020B 型双踪示波器中的一路探头接输入端观察激励源方波信号波形;另一路探头接输出端观察一阶电路的响应波形。

(4) 从示波器上求输出波形的时间常数 τ(包括电容的充、放电两种情况),并描绘激励

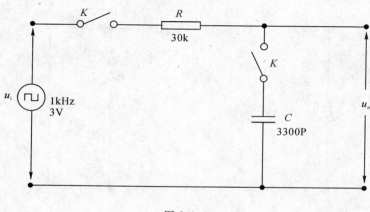

图 2.9.3

信号 u_i 和响应 u_o 的波形。

2. 微分电路和积分电路

（1）在 KHDL-1 型电路实验箱左上角"一阶二阶动态电路"框内，将 $0.1\mu F$ 电容和 100Ω 电阻的钮子开关置"通"位置，其他各钮子开关均置"断"位置。组成微分电路如图 2.9.4 所示。

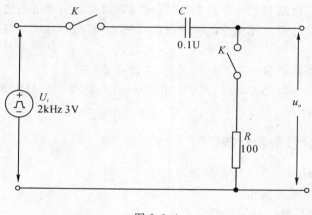

图 2.9.4

（2）DF1641B1 型函数信号发生器电源开关打开，设置成 2kHz、3V 方波信号从微分电路输入端输入。

（3）将 YB43020B 型双踪示波器中的一路探头接输入端观察激励源方波信号波形；另一路探头接输出端观察微分电路的响应波形，并将它们描绘下来。

（4）在 KHDL-1 型电路实验箱左上角"一阶二阶动态电路"框内，将 10k 电阻和 $0.33\mu F$ 电容的钮子开关置"通"位置，其他各钮子开关均置"断"位置。组成积分电路如图 2.9.5 所示。

（5）将 DF1641B1 型函数信号发生器电源开关打开，设置成 10kHz、3V 方波信号从积分电路输入端输入。

（6）将 YB43020B 型双踪示波器中的一路探头接输入端观察激励源方波信号波形；另

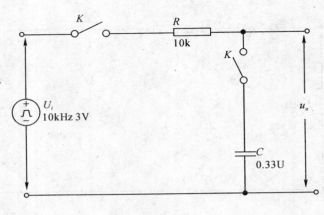

图 2.9.5

一路探头接输出端观察积分电路的响应波形,并将它们描绘下来。

(7) 分别通过计算证明以上微分电路和积分电路的参数选择符合条件。

§2.9.4   实验报告要求和思考题

1. 完成实验室操作实验一阶电路内容中电容充、放电的时间常数 τ 的计算。

2. 阐述选择微分电路和积分电路参数的条件,并以实验结果证明之。

3. 什么样的电信号可以作为 RC 一阶电路零输入响应,零状态响应和完全响应的激励信号?

4. 何为积分电路和微分电路,它们必须具备什么条件?

5. 积分电路和微分电路在方波序列脉冲的激励下,其输出信号波形的变化规律如何?这两种电路有何功用?

§2.9.5   实验设备和材料

1. 计算机及 Multisim 7.0 电子仿真软件。

2. KHDL-1 型电路实验箱。

3. DF1641B1 型函数信号发生器。

4. YB43020B 型双踪示波器。

5. DF2175 型交流毫伏表。

6. MF-500 型万用表、数字万用表。

实验 2.10 二阶电路响应研究

§ 2.10.1 实验目的

1. 学会用电子仿真软件 Multisim 7 进行二阶动态电路的仿真方法。
2. 学会用实验方法研究二阶动态电路的响应，了解电路元件参数对响应的影响。
3. 观察、分析二阶电路响应的三种状态轨迹及其特点。
4. 通过实验加深对二阶动态电路的响应的认识和理解。

§ 2.10.2 实验原理

当电路中含有两个独立的动态储能元件，这两个储能元件一个是电容，另一个是电感，或都是电容和电感，这种电路称为二阶电路。二阶动态电路需要用二阶微分方程来描述。当二阶电路的外加激励源为零时，由电路的初始储能引起的响应被称为二阶电路的零输入响应。

二阶电路如图 2.10.1 所示，开关在换位前已达到稳态，$t = 0$ 时，开关 K 由 1 换到位置 2。

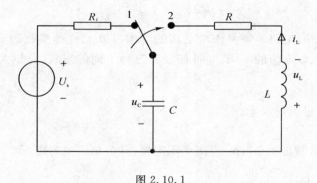

图 2.10.1

根据 KVL 列出换位后的电路方程，若以电感电流 i_L 为变量，则有：

$$L \frac{\mathrm{d} i_L}{\mathrm{d} t} + R i_L + \frac{1}{C} \int i_L \mathrm{d} t = 0 \tag{2.10.1}$$

对式 2.10.1 微分得

$$LC \frac{\mathrm{d}^2 i_L}{\mathrm{d} t^2} + RC \frac{\mathrm{d} i_L}{\mathrm{d} t} + i_L = 0 \tag{2.10.2}$$

若以电容电压 u_C 为变量，图 2.10.1 所示电路在 $t \geqslant 0$ 时和电路方程为

$$LC \frac{\mathrm{d}^2 u_C}{\mathrm{d} t^2} + RC \frac{\mathrm{d} u_C}{\mathrm{d} t} + u_C = 0 \tag{2.10.3}$$

由式 2.10.2 和式 2.10.3 可知，无论是以电感电流 i_L 作不变量，还是以电容电压 u_C 作为变量，建立起来的电路方程均为二阶微分方程，并且它们具有相同的特征方程：

$$LCp^2 + RCp + 1 = 0 \qquad\qquad (2.10.4)$$

其特征根为：

$$p_{1,2} = -\frac{R}{2L} \pm \sqrt{\left(\frac{R}{2L}\right)^2 - \frac{1}{LC}} \qquad\qquad (2.10.5)$$

由此可得电容电压的零输入响应为：

$$u_C = K_1 e^{p_1 t} + K_2 e^{p_2 t} \qquad\qquad (2.10.6)$$

其中，K_1、K_2 为待定系数，由电路的初始条件确定。

由于图 2.10.1 所示电路在开关换位前已达到稳态，故

$$u_C(0_-) = U_S = U_0, \; i_L(0_-) = 0$$

根据换路定则得电路的初始条件为

$$u_C(0_+) = u_C(0_-) = U_S = U_0$$

$$\frac{du_C(t)}{dt}\bigg|_{t=0_+} = \frac{1}{C} i_L(0_+) = \frac{1}{C} i_L(0_-) = 0$$

将初始条件代入 2.10.6 得

$$\begin{cases} K_1 + K_2 = U_0 \\ K_1 p_1 + K_2 p_2 = 0 \end{cases}$$

解得 $\quad K_1 = \dfrac{p_2 U_0}{p_2 - p_1}, K_2 = \dfrac{-p_1 U_0}{p_2 - p_1}$

所以 $\quad u_C = \dfrac{U_0}{p_2 - p_1}(p_2 e^{p_1 t} - p_1 e^{p_2 t}) \qquad (t \geq 0) \qquad\qquad (2.10.7)$

由式 2.10.5 可知，电路的特征根由电路的结构以及元件的参数确定。对于图 2.10.1 所示电路，根据 R、L、C 取值的不同，其特征根有三种不同的形式，分别为不等实根、共轭根和重根。

1. $R > 2\sqrt{\dfrac{L}{C}}$（过阻尼状态）

当 $R > 2\sqrt{\dfrac{L}{C}}$ 时，特征根 p_1，p_2 为两个不实根，且为负。电容电压

$$u_C = \frac{U_0}{p_2 - p_1}(p_2 e^{p_1 t} - p_1 e^{p_2 t}) \qquad (t \geq 0)$$

由于 $\qquad p_2 < p_1$

故 $\qquad e^{p_2 t} < e^{p_1 t}$

可得 $\qquad p_2 e^{p_1 t} < p_2 e^{p_2 t} < p_1 e^{p_2 t}$

所以 $\qquad p_2 e^{p_1 t} < p_2 e^{p_2 t} < p_1 e^{p_2 t}$

由此可知，任一时刻均有 $u_C > 0$，u_C 曲线如图 2.10.2 所示，是一个非振荡的放电过程，并称该电路此时工作在过阻尼状态。流过电容的电流也是流过电感的电流，为

$$i_L = C\frac{du_C}{dt} = \frac{Cp_1 p_2 U_0}{p_2 - p_1}(e^{p_1 t} - e^{p_2 t}) = \frac{U_0}{L(p_2 - p_1)}(e^{p_1 t} - e^{p_2 t}) \qquad (t \geq 0)$$

由于 $\qquad p_2 < p_1$，$e^{p_2 t} < e^{p_1 t}$

所以，任何时刻均有 $i_L < 0$，且在 t_m 处 i_L 有极值，其变换曲线如图 2.10.2 所示。电感电压为

$$u_L = L \frac{\mathrm{d}i_L}{\mathrm{d}t} = \frac{U_0}{p_2 - p_1}(p_1 \mathrm{e}^{p_1 t} - p_2 \mathrm{e}^{p_2 t})$$

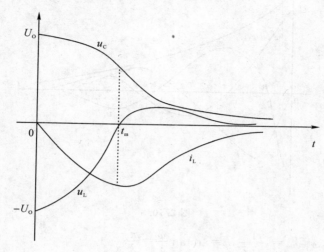

图 2.10.2

2. $R < 2\sqrt{\dfrac{L}{C}}$ （欠阻尼状态）

这种情况下,特征根 p_1、p_2 为一对共轭复根。若令

$$\frac{R}{2L} = \alpha, \quad \sqrt{\frac{1}{LC}} = \omega_0, \quad \sqrt{\frac{1}{LC} - \left(\frac{R}{2R}\right)^2} = \sqrt{\omega_0^2 - \alpha^2} = \omega$$

则

$$p_{1,2} = -\alpha \pm \mathrm{j}\omega = -\omega_0 \angle \mp \varphi$$

其中

$$\varphi = \arctan \frac{\omega}{\alpha}$$

由式 2.10.7 可推出电容电压:

$$u_C = \frac{U_0}{p_2 - p_1}(p_2 \mathrm{e}^{p_1 t} - p_1 \mathrm{e}^{p_2 t})$$

$$= \frac{U_o}{-2\mathrm{j}\omega}\left[-\omega_0 \mathrm{e}^{\mathrm{j}\varphi}\mathrm{e}^{(-\alpha+\mathrm{j}\omega)t} + \omega_0 \mathrm{e}^{-\mathrm{j}\varphi}\mathrm{e}^{(-\alpha-\mathrm{j}\omega)t}\right]$$

$$= \frac{U_0 \omega_0}{\omega}\mathrm{e}^{-\alpha t}\left[\frac{\mathrm{e}^{\mathrm{j}(\omega t+\varphi)} - \mathrm{e}^{-\mathrm{j}(\omega t+\varphi)}}{2\mathrm{j}}\right] = \frac{U_0 \omega_0}{\omega}\mathrm{e}^{-\alpha t}\sin(\omega t+\varphi)$$

电感电流:

$$i_L = -\frac{U_0}{\omega L}\mathrm{e}^{-\alpha t}\sin\omega t$$

电感电压:

$$u_L = \frac{U_0 \omega_0}{\omega}\mathrm{e}^{-\alpha t}\sin(\omega t-\varphi)$$

u_C、i_L、u_L 的变化曲线如图 2.10.3 所示。暂态过程为衰减振荡,其中 α 为衰减常数,此时电路的工作状态称为欠阻尼状态。

当 $R = 0$ 时,不难知道此时

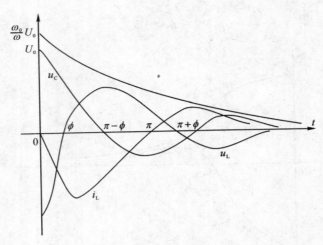

图 2.10.3

$$\alpha=0,\omega=\omega_0=\frac{1}{\sqrt{LC}},\varphi=\arctan\frac{\omega}{\alpha}=\frac{\pi}{2}$$

故有： $u_C=U_o\sin\left(\omega t+\frac{\pi}{2}\right),i_L=-U_0\sqrt{\frac{C}{L}}\cdot\sin\omega t,$

$$u_L=U_0\sin\left(\omega t-\frac{\pi}{2}\right)=-u_C$$

电路中各个变量的变化曲线为等幅振荡,称为无阻尼状态。

3. $R=2\sqrt{\dfrac{L}{C}}$ (临界阻尼)

当 $R=2\sqrt{\dfrac{L}{C}}$ 时,特征根 $p_1=p_2=p=-\dfrac{R}{2L}=-\alpha$,为重根,称此时电路工作在临界阻尼状态。若将特征根代入式(2.10.7),电容电压的描述式为 0/0 型,因此利用罗必塔法则对其进行求解:

设 p_2 为变量,p_1 为定值,于是

$$u_C=U_0\lim_{p_2\to p_1}\frac{\mathrm{d}(p_2\mathrm{e}^{p_1t}-p_1\mathrm{e}^{p_2t})}{\mathrm{d}p_2}/\frac{\mathrm{d}(p_2-p_1)}{\mathrm{d}p_2}=U_0\lim_{p_2\to p_1}\frac{\mathrm{e}^{p_1t}-p_1t\mathrm{e}^{p_2t}}{1}$$

$$=U_0(\mathrm{e}^{p_1t}-p_1t\mathrm{e}^{p_1t})=U_0(1+\alpha t)\mathrm{e}^{-\alpha t}\qquad(t\geqslant0)$$

$$i_L=C\frac{\mathrm{d}u_C}{\mathrm{d}t}=-\frac{U_0}{L}t\mathrm{e}^{-\alpha t}\qquad(t\geqslant0)$$

$$u_L=L\frac{\mathrm{d}i_L}{\mathrm{d}t}=-U_0(1-\alpha t)\mathrm{e}^{-\alpha t}\qquad(t\geqslant0)$$

由以上各式可画出临界阻尼状态下的电压、电流曲线,它们与过阻尼状态下的电压、电流曲线非常相似,也是非振荡的。

在实验室中一个二阶电路在方波正、负阶跃信号的激励下,可以获得零状态与输入响应。其响应的变化轨迹决定于电路的固有频率,当调节电路的元件参数值,使电路的固有频率分别为负实数、共轭复数及虚数时,可获得单调地衰减、衰减振荡和等幅振荡的响应。通过示波器可以观察到叠加在激励方波上的欠阻尼、临界阻尼和过阻尼这三种波形。

§2.10.3 实验室操作实验内容和步骤

1. 在 KHDL-1 型电路实验箱的左上角"一阶二阶动态电路"框内,通过元件与钮子开关的配合组合,组建如图 2.10.7 所示 RLC 并联二阶动态实验电路。其中:$R_1=10k$,$L=10mH$,$C=1000pF$,$R_2=10k$(电位器)。

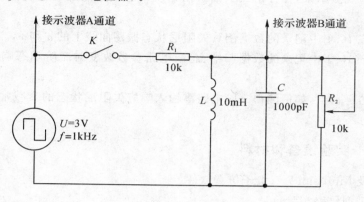

图 2.10.7

2. 电路输入端接 $U=3V$、$f=1kHz$ 的方波信号作为二阶动态分析激励源,取之于 DF1641B1 型函数信号发生器,并将 YB43020B 型双踪示波器 A 通道接输入端观察激励信号;将 YB43020B 型双踪示波器 B 通道接输出端观察电容 u_C 波形。

3. 打开 DF1641B1 型函数信号发生器和 YB43020B 型双踪示波器电源开关,调节电阻器 R_2 改变它的值,观察二阶动态电路的零响应和零状态响应由过阻尼过渡到临界阻尼,最后到欠阻尼的变化过渡过程,分别定性地描绘记录响应的典型变化波形。

4. 调节电阻器 R_2,使示波器显示稳定的欠阻尼响应波形,定量测定此时电路的衰减常数 α 和振荡频率 ω_0。

5. 改变一组电路参数,如增、减 L 或 C 的值,重复步骤 4. 的测量,并作记录。随后仔细观察,改变电路参数时,ω_0 和 α 的变化趋势,并记录在表 2.10.1 中。

表 2.10.1

电路参数 实验次数	元 件 参 数				测量值	
	R_1	R_2	L	C	α	ω_0
1	10k	调至某 一欠阻 尼状态	10mH	1000pF		
2	10k		10mH	3300pF		
3($f=100Hz$)	10k		10mH	0.33uF		
4	30k		10mH	3300pF		

实验注意事项:

(1) 调节电阻器 R_2 时,要细心、缓慢,临界阻尼要找准。

(2) 观察双踪示波器时,显示要稳定。

§2.10.4　实验报告要求和思考题

1. 根据实验室操作实验电路的元件参数计算临界阻尼状态的 R_2 值,并与实际测量值比较。

2. 根据实验观测结果,在方格纸上描绘出二阶动态电路的过阻尼、临界阻尼和欠阻尼三种状态波形。

3. 根据表 2.10.1 中记录的数据测算欠阻尼状态振荡曲线上的 α 和 ω_0。

4. 根据表 2.10.1 中记录的数据归纳、总结电路参数改变对二阶动态响应变化趋势的影响。

5. 在示波器屏幕上,如何测得二阶电路零输入响应欠阻尼状态的衰减常数 α 和振荡频率 ω_0?

§2.10.5　实验设备和材料

1. 计算机及 Multisim 7.0 电子仿真软件。

2. KHDL-1 型电路实验箱。

3. DF1641B1 型函数信号发生器。

4. YB43020B 型双踪示波器。

5. MF-500 型万用表、数字万用表。

实验 2.11 RLC 串联电路过渡过程

§ 2.11.1 实验目的

1. 掌握用电子仿真软件 Multisim 7 进行 RLC 串联电路的过渡过程仿真方法。
2. 了解和掌握 RLC 串联电路过渡过程中的三种情况的实验操作。

§ 2.11.2 实验原理

在如图 2.11.1 所示 RLC 串联电路中,电路的响应从开关合上瞬间开始,初始储能由电场向磁场或由磁场向电场转换时,电阻 R 上以热能形式都要消耗一部分能量。

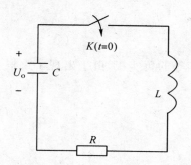 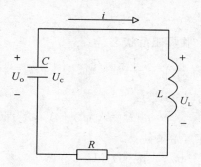

图 2.11.1

在二阶电路的零输入响应中,根据 R、L、C 参数与电路特征方程根的关系,电路的响应有过阻尼、临界阻尼、欠阻尼和无阻尼之分。

图 2.11.1 中根据基尔霍夫电压定律有如下式子:

$$LC \frac{\mathrm{d}^2 u_C}{\mathrm{d}t^2} + RC \frac{\mathrm{d}u_C}{\mathrm{d}t} + u_C = 0 \tag{2.11.1}$$

RLC 串联电路的特征方程为:

$$Ls^2 + Rs + \frac{1}{C} = 0 \tag{2.11.2}$$

其特征根为:

$$s_{1,2} = -\frac{R}{2L} \pm \sqrt{\left(\frac{R}{2L}\right)^2 - \frac{1}{LC}} \tag{2.11.3}$$

根据 R、L、C 参数的不同,特征方程的根有 4 种情况,对应电路有 4 种响应结果。

1. 过阻尼状态

当 $\left(\dfrac{R}{2L}\right)^2 > \dfrac{1}{LC}$ 时,特征根 $\begin{cases} s_1 = -\alpha_1 \\ s_2 = -\alpha_2 \end{cases}$ 为不相等的负实根,其响应为两个衰减的指数函数之和。

$$u_C = A_1 \mathrm{e}^{-\alpha_1 t} = A_2 \mathrm{e}^{-\alpha_2 t} = \frac{U_o}{\alpha_2 - \alpha_1} [\alpha_2 \mathrm{e}^{-\alpha_1 t} - \alpha_1 \mathrm{e}^{-\alpha_2 t}], \quad (t \geqslant 0) \tag{2.11.4}$$

由于 $|\alpha_1|>|\alpha_2|$，在 $t\geqslant 0$ 之后，u_C 式中的第二项要比第一项衰减得快，电容电压从初始电压 U_0 开始，单调衰减到零，电路响应是非振荡的，电容电压的变化曲线如图 2.11.2 所示。

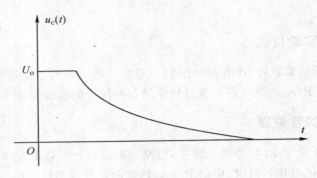

图 2.11.2

2. 临界阻尼状态

当 $\left(\dfrac{R}{2L}\right)^2=\dfrac{1}{LC}$ 时，特征根 $s_1=s_2=-\alpha$ 为两个相等的负实根，由于出现了重根，因此电路的响应电压为：

$$u_C(t)=A_1\mathrm{e}^{s_1 t}+A_2 t\mathrm{e}^{s_2 t}=(A_1+A_2 t)\mathrm{e}^{-\alpha t},\ t\geqslant 0 \tag{2.11.5}$$

将初始条件：

$$\begin{cases} u_C(0)=U_O \\ \left.\dfrac{\mathrm{d}u}{\mathrm{d}t}\right|_{t=0}=0 \end{cases} \tag{2.11.6}$$

将式(2.10.6)代入式(2.10.5)，则有：

$$u_C(t)=U_O(1+\alpha t)\mathrm{e}^{-\alpha t},\ t\geqslant 0 \tag{2.11.7}$$

这时电路响应的波形仍然是不振荡的，电容电压的变化曲线如图 2.11.3 所示。

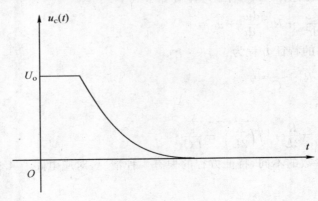

图 2.11.3

3. 欠阻尼状态

当 $\left(\dfrac{R}{2L}\right)^2 < \dfrac{1}{LC}$ 时,特征根 $s_{1,2} = -\alpha \pm \mathrm{j}\omega_d$ 为两个共轭复根,电路响应电压为:

$$u_C = \mathrm{e}^{-\alpha t}(A_1 \cos\omega_d t + A_2 \sin\omega_d t), t \geqslant 0 \tag{2.11.8}$$

式中,常数 A_1、A_2 由初始条件 $u_C(0)$、$u_C{}'(0)$ 来确定:

$$\begin{cases} u_C(0) = A_1 \\ u_C{}'(0) = -\alpha A_1 + \omega_0 A_2 = \dfrac{i_L(0)}{C} \end{cases} \tag{2.11.9}$$

当 $i_L(0) = 0$ 时,有:

$$u_C = \frac{\omega_0}{\omega_d} U_0 \mathrm{e}^{-\alpha t}\cos(\omega_d t - \theta), t \geqslant 0 \tag{2.11.10}$$

式中:

$$\begin{cases} \omega_0 = \sqrt{\alpha^2 + \omega_d^2} \\ \theta = \arctan\dfrac{\alpha}{\omega_d} \end{cases} \tag{2.11.11}$$

$$i = -C\frac{\mathrm{d}u_C}{\mathrm{d}t} = -\frac{\omega_0^2 C}{\omega_d} U_0 \mathrm{e}^{-\alpha t}\sin\omega_d t, t \geqslant 0 \tag{2.11.12}$$

$$u_L = L\frac{\mathrm{d}i}{\mathrm{d}t} = K\mathrm{e}^{-\alpha t}\cos(\omega_d t + \beta), t \geqslant 0 \tag{2.11.13}$$

可见,在欠阻尼状态,响应曲线是按指数规律衰减的正弦振荡,电容电压的变化曲线如图 2.11.4 所示,阻尼系数 α 越大,衰减越快。

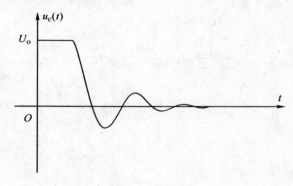

图 2.11.4

4. 无阻尼状态

当 $R = 0$ 时有:

$$\begin{cases} \omega_d = \omega_0 = \dfrac{1}{\sqrt{LC}} \\ s_{1,2} = +\mathrm{j}\omega_d = \pm\mathrm{j}\omega_0 \end{cases} \tag{2.11.14}$$

特征根为两个共轭虚数,电路响应电压为:

$$u_C = A\cos\omega_0 t \tag{2.11.15}$$

因为初始条件为:$u_C(0) = U_0$,$i(0) = 0$ 所以有:

$$u_C(t) = U_0\cos\omega_0 t, t \geqslant 0 \tag{2.11.16}$$

显然,这时电路进入振荡状态,电容电压的变化曲线如图 2.11.5 所示。

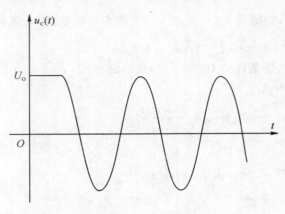

图 2.11.5

§2.11.3 实验室操作实验内容和步骤

1. 在 KHDL-1 型电路实验箱上搭建如图 2.11.21 所示实验电路。其中:信号源 u 用 DF1641B1 型函数信号发生器,选择 1kHz、幅值为 3V 的方波;幅值用 DF2175 型交流毫伏表测;电位器 R_1 用实验箱上"戴维南定理"框内 1k 电位器;电感 L_1 和电容 C_1 均取自实验箱右下角可变电感和可变电容。

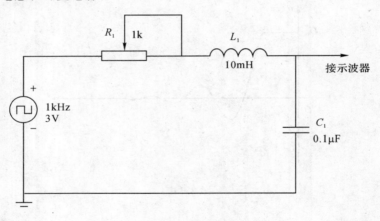

图 2.11.21

2. 根据 RLC 串联电路的过渡过程情况,计算出它的临界电阻阻值 $R = 2\sqrt{\dfrac{L}{C}}(\Omega)$,并先用数字万用表测准电位器阻值 $R_1 = R$,然后接入电路。

3. 将示波器的某路输入探头接在电容 C_1 两端,打开函数信号发生器和示波器电源开关,将观察到的、叠加在方波上的 RLC 串联电路的临界状态波形描绘在坐标纸上,并根据示波器上的 Y 轴"灵敏度选择开关"挡位及 X 轴"扫描速率选择开关"挡位,在坐标轴上注明临界状态波形的幅值和周期。

4. 根据 RLC 串联电路临界电阻 $R>2\sqrt{\dfrac{L}{C}}$(Ω)时,将出现过阻尼状态,选择合适的电位器阻值,将观察到的、叠加在方波上的 RLC 串联电路的过阻尼状态波形描绘在坐标纸上,并在坐标轴上注明过阻尼状态波形的幅值和周期。

5. 根据 RLC 串联电路临界电阻 $R<2\sqrt{\dfrac{L}{C}}$(Ω)时,将出现振荡衰减波形,选择合适的电位器阻值,将观察到的、叠加在方波上的 RLC 串联电路的振荡衰减波形描绘在坐标纸上,并在坐标轴上注明过阻尼状态波形的幅值和周期。

§2.11.4　实验报告要求和思考题

1. 将实验室操作实验内容的 3 种 RLC 串联电路的过渡过程波形,认真地描绘在坐标纸上,必须标明坐标轴的单位。

2. RLC 串联电路过渡过程中为何不可能出现等幅振荡?

3. 试比较"临界阻尼状态"和"欠阻尼状态"的波形?并说明它们产生的条件?

§2.11.5　实验设备和材料

1. 计算机及 Multisim 7.0 电子仿真软件。

2. KHDL-1 型电路实验箱。

3. DF1641B1 型函数信号发生器。

4. YB43020B 型双踪示波器。

5. DF2175 型交流毫伏表。

6. 数字万用表。

实验 2.12 交流电路的基尔霍夫定律和欧姆定理研究

§2.12.1 实验目的

1. 了解交流电路中基尔霍夫定律的相量形式。
2. 了解交流电路中欧姆定理的相量形式。
3. 学会用电子仿真软件 Multisim 7 进行交流电路的虚拟实验方法。
4. 验证交流电路中任一结点电流的相量关系满足 KCL 定律。
5. 验证交流电路中任一支路电压的相量关系满足 KVL 定律。

§2.12.2 实验原理

基尔霍夫定律在任何集总参数电路都有适用的基本定律,它不但适用于直流电路的分析,也适用于交流电路的分析。在正弦交流电路中,KCL 和 KVL 适用于所有瞬时值和相量形式。

1. 交流电路中基尔霍夫电流定律的相量形式

基尔霍夫电流定律(KCL)叙述为:对于任何集总参数电路中的任一结点,在任何时刻,流出该结点的全部支路电流的代数和等于零。其数学表达式为:

$$\sum_{k=1}^{n} i_k(t) = 0 \tag{2.12.1}$$

假设电路中全部电流都是相同频率 ω 的正弦电流,则可以将它们用振幅相量或有效值相量表示为以下形式:

$$i_k(t) = \text{Re}[\dot{I}_{km} e^{j\omega t}] = \text{Re}[\sqrt{2}\dot{I}_k e^{j\omega t}] \tag{2.12.2}$$

代入 KCL 方程中得到:

$$\sum_{k=1}^{n} i_k(t) = \sum_{k=1}^{n} \text{Re}[\dot{I}_{km} e^{j\omega t}] = 0 \tag{2.12.3}$$

$$\sum_{k=1}^{n} i_k(t) = \sum_{k=1}^{n} \text{Re}[\sqrt{2}\dot{I}_k e^{j\omega t}] = 0 \tag{2.12.4}$$

由于上式适用于任何时刻 t,其相量关系也必须成立,即:

$$\sum_{k=1}^{n} \dot{I}_{km} = 0 \tag{2.12.5}$$

$$\sum_{k=1}^{n} \dot{I}_k = 0 \tag{2.12.6}$$

这就是相量形式的 KCL 定律,它表示对于具有相同频率的正弦电流电路中的任一结点,流出该结点的全部支路电流相量的代数和等于零。在列写相量形式 KCL 方程时,对于参考方向流出结点的电流取"+"号,流入结点的电流取"一"号。

值得注意的是流出任一结点的全部支路电流振幅(或有效值)的代数和不一定等于零,即一般来说:

$$\sum_{k-1}^{n} I_{km} \neq 0, \sum_{k-1}^{n} I_k \neq 0$$

2. 交流电路中基尔霍夫电压定律的相量形式

基尔霍夫电压定律（KVL）叙述为：对于任何集总参数电路中的任一回路，在任何时刻，沿该回路全部支路电压代数和等于零。其数学表达式为：

$$\sum_{k-1}^{n} u_k(t) = 0 \tag{2.12.7}$$

假设电路中全部电压都是相同频率 ω 的正弦电压，则可以将它们用振幅相量或有效值相量表示如下：

$$u_k(t) = \mathrm{Re}[\dot{U}_{km} e^{j\omega t}] = \mathrm{Re}[\sqrt{2}\dot{U}_k e^{j\omega t}] \tag{2.12.8}$$

代入 KVL 方程中得到：

$$\sum_{k-1}^{n} u_k(t) = \sum_{k-1}^{n} \mathrm{Re}[\dot{U}_{km} e^{j\omega t}] = 0 \tag{2.12.9}$$

$$\sum_{k-1}^{n} u_k(t) = \sum_{k-1}^{n} \mathrm{Re}[\sqrt{2}\dot{U}_k e^{j\omega t}] = 0 \tag{2.12.10}$$

由于上式适用于任何时刻 t，其相量关系也必须成立，即：

$$\sum_{k-1}^{n} \dot{U}_{km} = 0 \tag{2.12.11}$$

$$\sum_{k-1}^{n} \dot{U}_k = 0 \tag{2.12.12}$$

这就是相量形式的 KVL 定律，它表示对于具有相同频率的正弦电流电路中的任一回路，沿该回路全部支路电压相量的代数和等于零。在列写相量形式 KVL 方程时，对于参考方向与回路绕行方向相同的电压取"＋"号，相反的电压取"－"号。

值得特别注意的是沿任一回路全部支路电压振幅（或有效值）的代数和并不一定等于零，即一般来说：

$$\sum_{k-1}^{n} U_{km} \neq 0, \sum_{k-1}^{n} U_k \neq 0$$

具体地说：如果要求一个电阻、电容和电感并联交流电路的总电流，根据相量相加原理，由于流过电感的电流相位滞后其两端电压 90°，流过电容的电流相位超前其两端电压 90°，故电感电流与电容电流相位差 180°，所以电感支路和电容支路电流之和 I_x 等于电感电流与电容电流之差，总电流 $I = \sqrt{I_r^2 + I_x^2}$，其中 I_r 为流过电阻的电流。

同样的道理，如果要求一个电阻、电容和电感串联交流电路的总电压，根据相量相加原理，由于电阻两端的电压与电流相位相同，而电感的电压相位超前电流 90°，电容两端的电压滞后电流 90°，所以交流电路的总电抗两端电压 U_x 等于电感电压与电容电压之差，总电压 $U = \sqrt{U_r^2 + U_x^2}$，其中 U_r 为电阻两端电压。

§2.12.3 实验室操作实验内容和步骤

1. 交流电路的基尔霍夫电流定律

(1) 在 KHDL-1 型电路实验箱上搭建如图 2.12.6 所示实验电路。其中：电阻 R_1 用实验箱右下角可变电阻,将旋钮打在"1"位置;电感 L_1 用实验箱右下角可变电感,将旋钮打在"10"位置;电容 C_1 用实验箱右下角可变电容;交流信号源 u 用 DF1641B1 型函数信号发生器,并用 DF2175 型交流毫伏表并联测 3V 输出电压。

测总电流 i 处用 MF-500 型万用表交流电流 100mA 挡;图中 3 处虚线暂用导线连接。

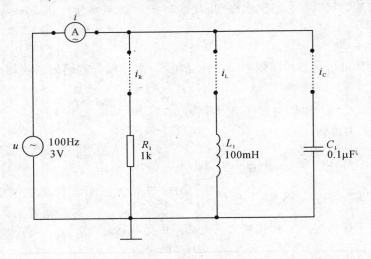

图 2.12.6

(2)打开函数信号发生器和交流毫伏表电源开关,分别用数字万用表交流电流 200mA 挡串入图中虚线位置测电流,并记录各电流值,将它们填入表 2.12.1 中。

表 2.12.1

	i_R(mA)	i_L(mA)	i_C(mA)	i(mA)	I_r(mA)	I_x(mA)	I(mA)
测量值					×	×	×
计算值	×	×	×	×			

(3)根据相量相加原理,计算出交流电路的基尔霍夫电流定律各支路电流和总电流,将它们填入表 2.12.3 中。

(4)根据表 2.12.3 中数据验证交流电路的基尔霍夫电流定律正确性。

2. 交流电路的基尔霍夫电压定律

(1)在 KHDL-1 型电路实验箱上搭建如图 2.12.7 所示实验电路。其中:电阻 R_1 用实验箱右下角色环电阻;电感 L_1 用实验箱右下角可变电感,将旋钮打在"10"位置;电容 C_1 用实验箱右下角可变电容,将旋钮打在"3"位置;交流信号源 u 仍用函数信号发生器,并用交流毫伏表并联测 3V 输出电压;测总电压 u 处用 MF-500 型万用表交流电压 10V 挡;测 3 个元件上的交流分压用数字万用表交流电压 20V 挡。

(2)打开函数信号发生器和交流毫伏表电源开关,分别用数字万用表交流电压 20V 挡测图中虚线位置电压,并记录各电压值,将它们填入表 2.12.2 中。

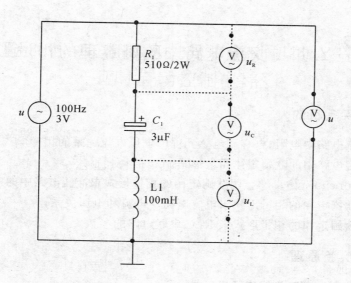

图 2.12.7

表 2.12.2

	$u_R(\widetilde{V})$	$u_C(\widetilde{V})$	$u_L(\widetilde{V})$	$u(\widetilde{V})$	$U_r(\widetilde{V})$	$U_x(\widetilde{V})$	$U(\widetilde{V})$
测量值					×	×	×
计算值	×	×	×	×			

(3) 根据相量相加原理,计算出交流电路的基尔霍夫电压定律各支路电压和总电压,将它们填入表 2.12.4 中。

(4). 根据表 2.12.4 中数据验证交流电路的基尔霍夫电流定律正确性。

§2.12.4 实验报告要求和思考题

1. 记录实验室操作实验内容各电表数据,通过相量相加计算与实验值比较,并验证交流电路的 KCL 和 KVL 是否正确。

2. 在交流电路中,流出任一结点的全部支路电流振幅(或有效值)的代数和不一定等于零。为什么?

3. 在交流电路中,流过电感与电容上的电流以及在电感与电容上形成的压降与信号源频率呈什么规律?

§2.12.5 实验设备和材料

1. 计算机及 Multisim 7.0 电子仿真软件。

2. KHDL-1 型电路实验箱。

3. DF1641B1 型函数信号发生器

4. DF2175 型交流毫伏表。

5. MF-10 型万用表。

6. 数字万用表。

实验 2.13　交流电路中欧姆定理的相量形式

2.13.1　实验目的

1. 了解交流电路中电阻、电容和电感元件的电压电流关系的相量形式。
2. 掌握交流电路中的欧姆定律相量形式。
3. 通过 Multisim 7 仿真学会用欧姆定律的相量形式求交流电路中的参数。
4. 掌握用欧姆定律的相量形式求电容电路的电流和电压关系。
5. 掌握用欧姆定律的相量形式求 RLC 串联电路的参数。

2.13.2　实验原理

1. 电阻元件电压电流关系的相量形式

线性电阻的电压电流关系服从欧姆定律,在电压与电流采用关联参考方向时,其电压电流关系表示为:

$$u(t) = Ri(t) \tag{2.13.1}$$

它适用于按照任何规律变化的电压、电流,当其电流 $i(t) = I_m\cos(\omega t + \phi_i)$ 随时间按正弦规律变化时,电阻上电压电流关系如下:

$$u(t) = U_m\cos(\omega t + \varphi_u) = Ri(t) = RI_m\cos(\omega t + \varphi_i) \tag{2.13.2}$$

此式表明,线性电阻的电压和电流是同一频率的正弦时间函数。其振幅或有效值之间服从欧姆定律,其相位差为零(同相),即:

$$U_m = RI_m \text{ 或 } U = RI \tag{2.13.3}$$

$$\varphi_u = \varphi_i \tag{2.13.4}$$

线性电阻元件的时域模型如图 2.13.1(a)所示,反映电压电流瞬时值关系的波形图如图 2.13.1(b)所示。由此图可见,在任一时刻,电阻电压的瞬时值是电流瞬时值的 R 倍,电压的相位与电流的相位相同,即电压、电流波形同时达到最大值,同时经过零点。

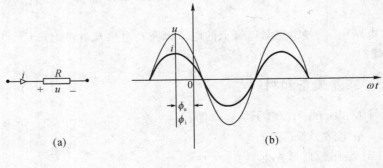

图 2.13.1

由于电阻元件的电压、电流都是频率相同的正弦时间函数,可以用相量分别表示如下:

$$u(t) = \mathrm{Re}[\dot{U}_m \mathrm{e}^{j\omega t}] = \mathrm{Re}[\sqrt{2}\dot{U}\mathrm{e}^{j\omega t}] \tag{2.13.5}$$

$$i(t) = \mathrm{Re}[\dot{I}_m \mathrm{e}^{j\omega t}] = \mathrm{Re}[\sqrt{2}\dot{I}\mathrm{e}^{j\omega t}] \tag{2.13.6}$$

将以上两式代入 2.12.1 中,得到:

$$u(t) = \mathrm{Re}[\sqrt{2}\dot{U}\mathrm{e}^{j\omega t}] = R \cdot \mathrm{Re}[\sqrt{2}\dot{I}\mathrm{e}^{j\omega t}] \tag{2.13.7}$$

由此得到线性电阻电压电流关系的相量形式为:$\dot{U} = R\dot{I}$ $\qquad$ (2.13.8)

线性电阻元件的相量模型如图 2.13.2(a)所示,反映电压电流相量关系的相量图如图 2.13.2(b)所示,由此图可以清楚地看出电阻电压的相位与电阻电流的相位相同。

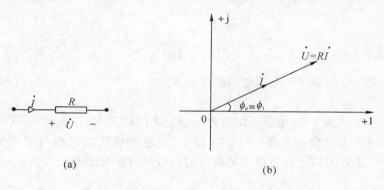

图 2.13.2

2. 电感元件电压电流关系的相量形式

线性电感的电压电流关系服从电磁感应定律,在电压与电流采用关联参考方向时,其电压电流关系表示为:

$$u(t) = L\frac{\mathrm{d}i}{\mathrm{d}t} \tag{2.13.9}$$

它适用于按照任何规律变化的电压、电流,当电感电流 $i(t) = I_m\cos(\omega t + \phi_i)$ 随时间按正弦规律变化时,电感上的电压电流关系如下:

$$u(t) = U_m\cos(\omega t + \varphi_u) = L\frac{\mathrm{d}}{\mathrm{d}t}[I_m\cos(\omega t + \varphi_i)] \tag{2.13.10}$$

此式表明,线性电感的电压和电流是同一频率的正弦时间函数。其振幅或有效值之间的关系以及电压、电流相位之间的关系为:

$$U_m = \omega L I_m \text{ 或 } U = \omega L I \tag{2.13.11}$$

$$\varphi_u = \varphi_i + 90° \tag{2.13.12}$$

电感元件的时域模型如图 2.13.3(a)所示,反映电压电流瞬时值关系的波形图如图 2.13.3(b)所示。由此可以看出电感电压超前电感电流的角度为 90°,当电感电流由负值增加经过零点时,其电压达到正最大值。同时可以看出电感电压、电感电流瞬时值之间并不存在确定的关系。

由于电感元件的电压、电流都是频率相同的正弦时间函数,可以用相量分别表示,如式 2.13.5 和 2.13.6 所示,将它们代入式 2.13.9 中得到:

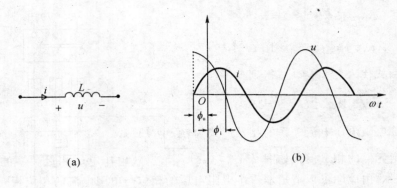

图 2.13.3

$$u(t) = \mathrm{Re}\left[\sqrt{2}\dot{U}e^{j\omega t}\right] = L\frac{\mathrm{d}}{\mathrm{d}t}\left[\mathrm{Re}(\sqrt{2}\dot{I}e^{j\omega t})\right] = \mathrm{Re}\left[j\omega L\sqrt{2}\dot{I}e^{j\omega t}\right] \tag{2.13.13}$$

由此得到电感元件电压相量和电流相量的关系式：

$$\dot{U} = j\omega L\dot{I} \tag{2.13.14}$$

这个复数方程包含电感电压、电流振幅之间与辐角之间的关系，与式 2.13.11 和式 2.13.12 相同。电感元件的相量模型如图 2.13.4(a)所示，反映电压电流相量关系的相量图如图 2.13.4(b)所示。由此可以清楚看出电感电压的相位超前于电感电流的相位 90°。

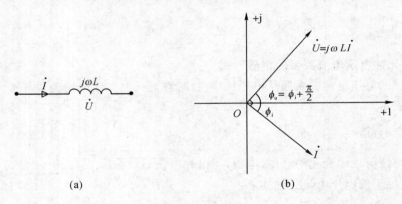

图 2.13.4

3. 电容元件电压电流关系的相量形式

线性电容的电压电流关系服从位移电流定律，在电压与电流采用关联参考方向时，其电压电流关系表示为：

$$i(t) = C\frac{\mathrm{d}u}{\mathrm{d}t} \tag{2.13.15}$$

它适用于按照任何规律变化的电压、电流，当电容电压 $u(t) = U_m\cos(\omega t + \phi_u)$ 随时间按正弦规律变化时，电容上电压电流关系如下：

$$i(t) = I_m\cos(\omega t + \varphi_i) = C\frac{\mathrm{d}}{\mathrm{d}t}[U_m\cos(\omega t + \varphi_u)]$$

$$= -\omega C U_m\sin(\omega t + \varphi_u) = \omega C U\cos(\omega t + \varphi_u + 90°) \tag{2.13.16}$$

此式表明,线性电容的电压和电流是同一频率的正弦时间函数。其振幅或有效值之间的关系,以及电压电流相位之间的关系为:

$$I_m = \omega C U_m \text{ 或 } I = \omega C U \tag{2.13.17}$$

$$\varphi_i = \varphi_u + 90° \tag{2.13.18}$$

电容元件的时域模型如图 2.13.5(a)所示,反映电压电流瞬时值关系的波形图如图 2.13.4(b)所示。由此图可以看出电容电流超前于电容电压 90°,当电容电压由负值增加经过零点时,其电流达到正最大值。同时可以看出电容电压与电流瞬时值之间并不存在确定的关系。

由于电容元件的电压、电流都是频率相同的正弦时间函数,可以用相量分别表示,如式 2.13.5 和 2.13.6 所示,将它们代入式 2.13.15 中得到:

$$i(t) = \text{Re}[\sqrt{2}\dot{I}e^{j\omega t}] = C\frac{\text{d}}{\text{d}t}[\text{Re}(\sqrt{2}\dot{U}e^{j\omega t})] = -\text{Re}[j\omega C \sqrt{2}\dot{U}e^{j\omega t}] \tag{2.13.19}$$

由此得到电容元件电压相量和电流相量的关系式:

$$\dot{I} = j\omega C\dot{U} \tag{2.13.20}$$

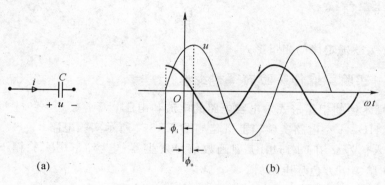

图 2.13.5

这个复数方程包含的振幅之间与辐角之间的关系,与式 2.13.17 和式 2.13.18 相同。

电容元件的相量模型如图 2.13.6(a)所示,其相量关系如图 2.13.6(b)所示。

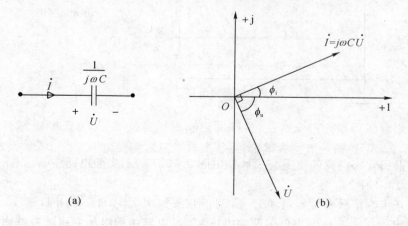

图 2.13.6

113

4. 欧姆定律的相量形式

RLC 元件电压相量与电流相量之间的关系类似欧姆定律,电压相量与电流相量之比是一个与时间无关的量,对于电阻元件来说,这个量是 R,称为电阻;对于电感元件来说,这个量是 $j\omega L$,称为电感的电抗,简称为感抗;对于电容元件来说,这个量是 $\dfrac{1}{j\omega C}$,称为电容的电抗,简称为容抗。式中 ωL 和 $\dfrac{1}{\omega C}$ 具有与电阻相同的量纲。为了使用方便,用大写字母 Z 来表示这个量,它是一个复数,称为阻抗。其定义为电压相量与电流相量之比,即:

$$Z=\frac{\dot{U}}{\dot{I}}=\begin{cases} R \\ j\omega L \\ \dfrac{1}{j\omega C} \end{cases} \tag{2.13.21}$$

引入阻抗后,可以将以上三个关系式用一个式子来表示:

$$\dot{U}=Z\dot{I}, \qquad \frac{\dot{U}}{\dot{I}}=Z \tag{2.13.22}$$

式 2.13.22 称为欧姆定律的相量形式。

2.13.3 实验室操作实验内容和步骤

1. 用欧姆定律的相量形式求电容电路的电流和电压

(1) 在 KHDL-1 型电路实验箱上搭建如图 2.13.7 所示实验电路。

其中,输入信号 u 用 DF1641B1 型函数信号发生器;电容 C_1 用实验箱下方可变电容;30Ω 电阻用实验箱下方色环电阻。

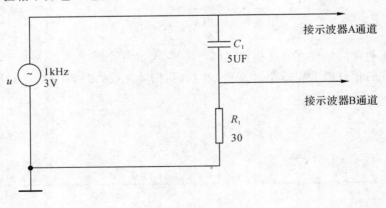

图 2.13.7

(2) 先根据欧姆定律的相量公式计算出图 2.13.7 所示实验电路中 X_C、I_R、Z 和 θ,将它们填入表 2.13.1 中。

(3) 打开函数信号发生器电源开关,调正弦波频率为 1kHz,并用 DF2175 型交流毫伏表并联测出输出电压为 3V;测出电阻两端电压 U_R 及电容两端电压 U_C(注意测量电压时要用电子交流毫伏表,并且测量 U_C 时注意交流毫伏表不能直接并接在电容两端,而应将电容与电阻的位置对调,以免在测量过程中在同一个电路中同时出现两个接地点。)算出 I_R,填入

表 2.13.1 中,并与计算值相比较。

表 2. 13. 1

	U_C	X_C	$Z=\sqrt{R^2+X_C^2}$	I_R	$\theta=-\arctan\left(\dfrac{X_C}{R}\right)$
计算值	×				
测量值			×		

(4)打开示波器电源开关,观察并读出两波形之间的相位差 θ,将它填入表 2.13.1 中,并与计算值相比较。

2. 用欧姆定律的相量形式求 RLC 串联电路的电流

(1)在 KHDL-1 型电路实验箱上搭建如图 2.13.8 所示实验电路。其中,输入信号 u 仍用型函数信号发生器;电容、电感取自实验箱下方可变电容;电阻用实验箱下方色环电阻。

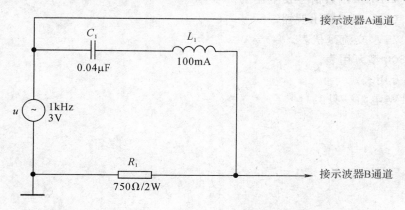

图 2.13.8

(2)先根据欧姆定律的相量公式计算出图 2.13.8 所示实验电路中 X_L、X_C、X、Z、I 和 θ,将它们填入表 2.13.2 中。

表 2. 13. 2

	X_L	X_C	X	$Z=\sqrt{R^1+X^2}$	I	$\theta=\arctan\left(\dfrac{X}{R}\right)$
计算值						
测量值	×	×	×	×		

(3)打开函数信号发生器电源开关,调正弦波频率为 1kHz,并用 DF2175 型交流毫伏表并联测输出电压为 3V;测电流 I 采用先测出电阻两端电压 U_R 再通过计算的方法求得,填入表 2.13.5 中,并与计算值相比较(注:由于信号源存在一定内阻,因此,当信号源接上负载后,原测好的信号 3V 会稍有下降,应重新调整使其保持 3V 不变)。

(4)打开示波器电源开关,观察并读出两波形之间的相位差 θ,将它填入表 2.13.5 中,并与计算值相比较。

2.13.4　实验报告要求和思考题

1. 完成实验室操作实验中 2 个内容的测试、计算并认真填写 2 个表格。

2. 对实验室操作实验结果与理论计算相比较,分析造成实验误差的原因。

3. 根据实验室操作实验中 2 个内容的测试和计算,总结并讨论交流电路中欧姆定理的相量形式。

4. 电阻元件、电感元件、电容元件的电压和电流相位关系如何?

2.13.5　实验设备和材料

1. 计算机及 Multisim 7.0 电子仿真软件。

2. KHDL-1 型电路实验箱。

3. DF1641B1 型函数信号发生器。

4. YB43020B 型双踪示波器。

5. DF2175 型交流毫伏表。

6. MF-500 型万用表。

7. 数字万用表。

8. 1Ω/1W 电阻一只。

实验 2.14　RC 选频网络特性测试

2.14.1　实验目的

1. 熟悉文氏电桥电路的结构特点及其应用。
2. 学会用电子仿真软件 Multisim 7 进行文氏电桥电路的仿真实验。
3. 学会用交流毫伏表和示波器测定文氏电桥电路的幅频特性。

2.14.2　实验原理

文氏电桥电路是一个 RC 串并联电路,如图 2.14.1 所示。该电路结构简单,被广泛用于低频振荡电路中作为选频环节,可以获得很高纯度的正弦波电压。

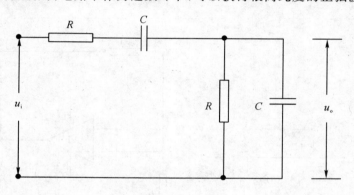

图 2.14.1

　　1. 用函数信号发生器的正弦输出信号作为图 2.14.1 的激励信号 u_i,并保持 u_i 值不变的情况下,改变输入信号的频率 f,用交流毫伏表或示波器测出输出端相应于各个频率点下的输出电压 u_o 值,将这些数据画在以频率 f 为横轴,u_o 为纵轴的坐标纸上,用一条光滑的曲线连接这些点,该曲线就是上述电路的幅频特性曲线。

　　文氏桥路的一个特点是其输出电压幅度不仅会随输入信号的频率而变,而且还会出现一个与输入电压同相位的最大值,如图 2.14.2 所示。

　　由电路分析得知,该网络的传递函数为:

$$\beta = \frac{1}{3 + j(\omega RC - \frac{1}{\omega RC})} \tag{2.14.1}$$

当角频率 $\omega = \omega_0 = \frac{1}{RC}$,即 $f = f_0 = \frac{1}{2\pi RC}$ 时,$|\beta| = \frac{U_0}{U_i} = \frac{1}{3}$,且此时 U_0 与 U_i 同相位,f_0 称电路固有频率。由图 2.14.2 可见 RC 串并联电路具有带通特性。

　　2. 将上述 RC 串并联电路作为选频网络,和运算放大器可以构成一个正弦波振荡器,如图 2.14.3 所示。

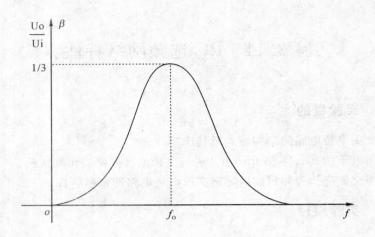

图 2.14.2

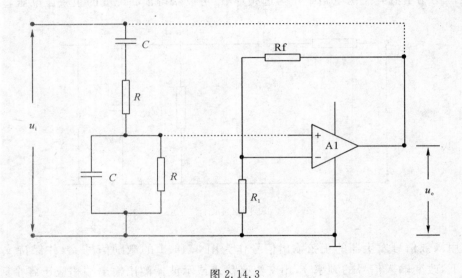

图 2.14.3

只要运算放大器组成的同相放大器的放大倍数大于 3,就可以实现振荡器起振。所以只要选择 $R_f > 2R_1$ 就可以满足正弦波振荡器的幅值平衡条件。RC 串并联电路组成正反馈网络可以满足正弦波振荡器的相位平衡条件。

2.14.3 实验室操作实验内容和步骤

1. RC 串并联网络的带通幅频特性曲线的测试

(1) 在 KHDL-1 型电路实验箱的"RC 选频网络"框内利用"文氏桥"电路,将 DF1641B1 型函数信号发生器电源开关打开,调成 159kHz、3V(用 DF2175 型交流毫伏表测)的正弦波信号,接入"文氏桥"电路输入端;"文氏桥"电路输出端接上示波器和交流毫伏表。

(2) 根据 RC 串并联网络,先计算出它的固有频率 $f_o = \dfrac{1}{2\pi RC}$。

(3) 打开示波器电源开关,在示波器上调出正常的正弦波形。改变函数信号发生器频率,可以找到一个正弦波形幅度最大的频率点,大概在 1.59kHz 附近。这就是 RC 串并联网络的固有频率 f_o,也就是说将函数信号发生器频率调成大于 f_o,正弦波形幅度将下降;反之,将函数信号发生器频率调成小于 f_o,正弦波形幅度也将下降。从示波器上读出 RC 串并联网络固有频率 f_o 处的幅值,将它填入表 2.14.1 中。

（4）将函数信号发生器频率选取表 2.14.1 中各数据,并利用屏幕上的读数指针读出各波形幅值将它们填表 2.14.1 中。

表 2.14.1

f(kHz)	0.0159	0.0795	0.159	1.795	1.59	7.95	15.9	29.5	159	795
U_o(V)										
$\dfrac{U_o}{U_i}$(V)										

（5）根据表 2.14.2 中数据,以频率 $\lg f$ 为 X 轴;以 $\dfrac{U_o}{U_i}$ 为 Y 轴,在坐标纸上画出 RC 串并联网络的带通幅频特性曲线。

2. 用 RC 串并联选频网络组成正弦波振荡器:

（1）在 KHDL-1 型电路实验箱上搭建如图 2.14.4 所示实验电路。其中:虚线框内"RC 串并联选频网络"用自备元件在实验箱右上角"机动插孔区"内搭建;运算放大器 741 插在 8 脚插座中,围绕集成电路四周有对应管脚接线孔;运算放大器 741 所需的 ±12V 电源直接取自实验箱左下角"直流稳压源"中的"+12V"、"地"、"−12V";电阻 R_1 和 R_{f1} 插在"机动插孔区内";R_{f2} 用实验箱右下角可变电阻;电路输出端接示波器。

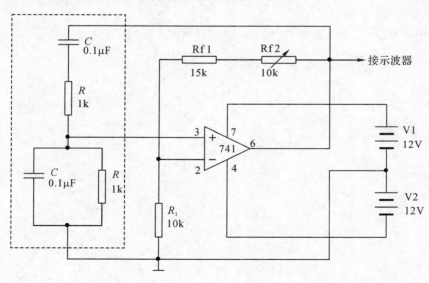

图 2.14.4

（2）根据 RC 串并联电路组成的振荡器起振幅值平衡条件,计算 R_{f2} 应选择多少阻值?电路才能起振产生正弦波。

（3）打开 KHDL-1 型电路实验箱相关电源开关和示波器电源开关,改变可变电阻为上面计算阻值,从示波器上应当看到正弦波。

（4）增大或减小可变电阻阻值,观察示波器波形情况,并根据观察到的现象进行分析和讨论。

（5）在示波器显示正常波形情况下,从示波器上读出正弦波的周期,并换算成频率,与上面分析计算的理论值 f_o 比较。

（6）将正弦波描绘在坐标纸上,并标明 X 轴和 Y 轴上的单位。

2.14.4　实验报告要求和思考题

1. 完成实验室操作实验 1. 内容,并填好表 2.14.1。根据表 2.14.1 数据在坐标纸上画出 RC 串并联电路的幅频特性曲线。

2. 完成实验室操作实验 2. 内容,对改变电位器阻值所观察到的波形进行理论分析。

3. 推导 RC 串并联电路的幅频,相频特性的数学表达式。

2.14.5　实验设备和材料

1. 计算机及 Multisim 7.0 电子仿真软件。

2. KHDL-1 型电路实验箱。

3. DF1641B1 型函数信号发生器。

4. YB43020B 型双踪示波器。

5. DF2175 型交流毫伏表。

6. MF-500 型万用表。

7. 运算放大器 LM741 一只。

8. 1k 电阻 2 只、10k 电阻 1 只、15k 电阻 1 只、100nF 电容 2 只。

实验 2.15　RLC 串联谐振电路研究

2.15.1　实验目的

1. 掌握用仿真软件 Multisim 7 测试 RLC 串联谐振电路的幅频特性曲线。
2. 学习用实验方法测试 RLC 串联谐振电路的幅频特性曲线。
3. 加深理解电路发生谐振的条件、特点、掌握电路品质因数的物理意义及其测定方法。

2.15.2　实验原理

1. 在图 2.15.1(a)所示的 RLC 串联电路中，当正弦交流信号源的频率 f 改变时，电路中的感抗、容抗随之而变，电路中的电流也随 f 而变，取电路电流 I 作为响应，当输入电压 U_i 维持不变时，在不同信号频率的激励下，测出电阻 R 两端电压 U_o 之值，则 $I = \dfrac{U_o}{R}$，然后以 f 为横坐标，以 I 为纵坐标，绘出光滑的曲线，即为幅频特性，亦称电流谐振曲线，如图 2.15.1(b)所示。

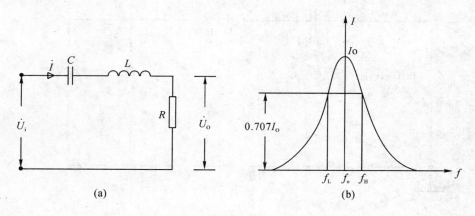

图 2.15.1

2. 在 $f = f_o = \dfrac{1}{2\pi\sqrt{LC}}$ 处 $(X_L = X_C)$，即幅频特性曲线尖峰所在的频率点，该频率称为谐振频率，此时电路呈纯阻性，电路阻抗的模为最小，在输入电压 U_i 为定值时，电路中的电流 I_o 达到最大值，且与输入电压 U_i 同相位，从理论上讲，此时 $U_i = U_{RO} = U_O$，$U_{LO} = U_{CO} = QU_i$，式中的 Q 称为电路的品质因数。

3. 电路品质因数 Q 值的两种测量方法：

一是根据公式：$Q = \dfrac{U_{LO}}{U_i} = \dfrac{U_{CO}}{U_i}$ 测定，U_{CO} 与 U_{LO} 分别为谐振时电容器 C 和电感线圈 L 上的电压；另一方法是通过测量谐振曲线的通频带宽度：$\Delta f = f_H - f_L$ 再根据 $Q = \dfrac{f_o}{f_H - f_L}$ 求

出 Q 值,式中 f_o 为谐振频率,f_H 和 f_L 是电路失谐时,幅度下降到最大值的 $\frac{1}{\sqrt{2}}(\approx 0.707)$ 倍时的上、下限频率点。

Q 值越大,曲线越尖锐,通频带越窄,电路的选择性越好,在恒压源供电时,电路的品质因数、选择性与通频带只决定于电路本身的参数,而与信号源无关。

2.15.3 实验室操作实验内容和步骤

1. 测量 RLC 串联电路的谐振频率 f_o 和计算品质因数 Q 值:

(1) 在 KHDL-1 型电路实验箱上的"RLC 串联谐振"框内搭建实验电路如图 2.15.8 所示。其中:C 取 $0.01\mu F$,R 取 200Ω,电感 L＝30mH;u_i 用 DF1641B1 型函数信号发生器,先调成输出电压为 1V(用 DF2175 型交流毫伏表测)、1kHz 的正弦信号;交流毫伏表用来测量 U_R、U_C 和 U_L,测量时注意变换量程。

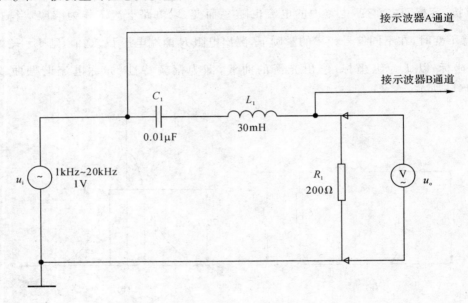

图 2.15.8

(2) 打开函数信号发生器、交流毫伏表和示波器电源开关,将交流毫伏表并联在电阻 R 两端;将示波器的两路通道 Y_A 和 Y_B 分别同时用来观测信号发生器发出的信号与电阻 R 两端的信号波形。将信号源的频率由小逐渐变大(由于考虑到信号发生器存在一定的输出电阻,因此注意要维持信号源的输出幅度 1V 不变)。当电阻上的电压最大或示波器的两路通道 Y_A 和 Y_B 两个波形达到同步时,从函数信号发生器上读出频率或从示波器上读出周期,就可以得到 RLC 串联电路的谐振频率 f_o。然后将交流毫伏表来测量 U_{CO} 和 U_{LO}(注意及时更换毫伏表的量程),并将测量结果填入表 2.15.1 中。(注意:测量 U_C 电压时,应将接地点改至 C_1 左侧,再测 C_1 两端电压。测量 U_L 时,将接地点放到 C_1 左侧,再将 C_1 与 L_1 位置对换)

表 2.15.1

$R(\Omega)$	f_o(kHz)	U_{RO}(V)	U_{CO}(V)	U_{LO}(V)	Q
200					
1000					

（3）将电容 C 改换 $0.1\mu F$，R 改换 1000Ω，电感 L 仍用 $30mH$；重做上述实验内容，并将数据填入表 2.15.3 中，并根据表 2.14.3 中数据计算值，填入表 2.15.1 中。

2. 测量 RLC 串联电路的上限频率点 f_H 和下限频率点 f_L：

（1）在谐振点两侧，先测出下限频率 f_L 和上限频率 f_H 及相应的 U_R 值和 I 值（在调节频率时要维持信号源的输出幅度不变），然后再逐点测出不同频率下的 U_R 值和 I 值，将它们记入表 2.15.2 中。

表 2.15.2

$R(\Omega)$		f_L	f_o	f_H
200	f(kHz)			
	U_R(V)			
	I(mA)			
1000	f(kHz)			
	U_R(V)			
	I(mA)			

（2）将图 2.15.8 中的电容 C 改换成 $0.1\mu F$，R 改换成 1000Ω，电感 L 仍用 $30mH$；重做上述各步骤实验内容，并将所测数据填入表 2.15.4 中。

（5）根据表 2.15.4 中数据，以 $\lg f$ 为 X 轴，以 I 为 Y 轴，在同一坐标图上画出两条电流谐振曲线。

2.15.4 实验报告要求和思考题

1. 完成实验室操作实验 1. 内容，填写好表 2.15.3，计算出两组元件参数的 RLC 串联电路的值，并进行分析和讨论，当 RLC 串联电路谐振时示波器的两路通道 Y_A 和 Y_B 两个波形达到同步，应怎样理解"同步"两字的含义？

2. 完成实验室操作实验 2. 内容，填写好表 2.15.4，根据表 2.15.4 中数据，以 f 为 X 轴，以 I 为 Y 轴，在同一坐标图上画出两条电流谐振曲线，分析和讨论两条电流谐振曲线的区别；试在坐标纸上画出另一种形式的谐振曲线。

3. 改变电路的哪些参数可以使电路发生谐振，电路中的 R 数值是否影响谐振频率值？

4. 电路发生串联谐振时，为什么输入电压不能太大，如果信号源给出 1 伏的电压，电路谐振时用交流毫伏表测 U_L 和 U_C 应该选择多大的量程？

5. 要提高 RLC 串联电路的品质因数，电路参数应何改变？

6. 谐振时比较输出电压 U_o 与输入电压 U_i 是否相等？试分析原因。

7. 谐振时，对应的 U_{co} 和 U_{LO} 是否相等？如有差异，原因何在？

2.15.6 实验设备和材料

1. 计算机及 Multisim 7.0 电子仿真软件。
2. KHDL-1 型电路实验箱。
3. DF1641B1 型函数信号发生器。
4. YB43020B 型双踪示波器。
5. DF2175 型交流毫伏表。
6. MF-500 型万用表。
7. 数字万用表。

实验 2.16 RLC 并联谐振电路研究

§2.16.1 实验目的

1. 了解 RLC 并联谐振电路的特点。
2. 掌握 RLC 并联谐振电路的谐振频率、阻抗、容抗、感抗等参数的计算。
3. 掌握 RLC 并联谐振电路的幅频特性曲线和相频特性曲线的含义。
4. 学会用电子仿真软件进行 RLC 并联谐振电路的虚拟实验。
5. 学会测量和描绘 RLC 并联谐振电路的电流幅频特性曲线。

2.16.2 实验原理

RLC 并联电路如图 2.16.1(a)所示,其相量模型如图 2.16.1(a)所示。

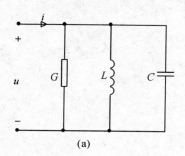 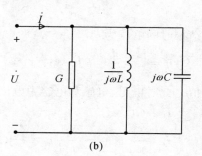

图 2.16.1

驱动点导纳为:

$$Y(\mathrm{j}\omega) = \frac{\dot{I}}{\dot{U}} = G + \mathrm{j}\left(\mathrm{j}C - \frac{1}{\omega L}\right) = |Y(\mathrm{j}\omega)| \angle \theta(\omega) \tag{2.16.1}$$

其中:

$$|Y(\mathrm{j}\omega)| = \sqrt{G^2 + \left(\omega C - \frac{1}{\omega L}\right)^2} \tag{2.16.2}$$

$$\theta(\omega) = \arctan\left[\frac{\omega C - \dfrac{1}{\omega L}}{G}\right] \tag{2.16.3}$$

1. 谐振条件

当 $\omega C - \dfrac{1}{\omega L} = 0$ 时,$Y(j\omega) = G = \dfrac{1}{R}$,电压 $u(t)$ 和电流 $i(t)$ 同相,电路发生谐振。因此,
RLC 并联电路谐振的条件是:

$$\omega = \omega_0 = \frac{1}{\sqrt{LC}} \tag{2.16.4}$$

式中 $\omega_0 = \dfrac{1}{\sqrt{LC}}$ 称为电路的谐振角频率。

2. 谐振时的电压和电流

RLC 并联电路谐振时，$Y(j\omega_0) = G = \dfrac{1}{R}$，具有最小值。若端口外加电流源 $\dot{I}_S$ 如图 2.16. 2(a)所示，

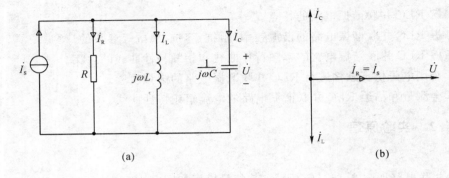

(a)   (b)

图 2.16.2

电路谐振时的电压为：

$$\dot{U} = \frac{\dot{I}_S}{Y} = \frac{\dot{I}}{G} = R\dot{I}_S \tag{2.16.5}$$

达到最大值。此时电阻、电感和电容中电流为：

$$\dot{I}_R = G\dot{U} = \dot{I}_S \tag{2.16.6}$$

$$\dot{I}_L = \frac{1}{j\omega L}\dot{U} = -j\frac{R}{\omega_0 L}\dot{I}_S = -jQ\dot{I}_S \tag{2.16.7}$$

$$\dot{I}_C = j\omega C\dot{U} = j\omega_0 RC\dot{I}_S = jQ\dot{I}_S \tag{2.16.8}$$

其中：

$$Q = \frac{R}{\omega_0 L} = R\omega_0 C = R\sqrt{\frac{C}{L}} \tag{2.16.9}$$

称为 RLC 并联谐振电路的品质因素，其量值等于谐振时感纳或容纳与电导之比。电路谐振时的相量图如图 2.16.2(b)所示。

由以上各式和相量图可见，谐振时电阻电流与电流源电流相等，$\dot{I}_R = \dot{I}_S$。电感电流与电容电流之和为零，即 $\dot{I}_L + \dot{I}_C = 0$。电感电流或电容电流的幅度为电流源电流或电阻电流的 Q 倍，即：

$$I_L = I_C = QI_S \tag{2.16.10}$$

这时的并联谐振又称电流谐振。RLC 并联谐振电路电流谐振的幅频特性曲线和相频特性曲线如图 2.16.3 所示。

从另一角度分析，当 RLC 并联电路的工作频率为谐振频率时，电感与电容的电纳互相抵消，电路的阻抗达到最大，因此，电压幅度达到最大值，这时称为电压谐振。

$$\dot{U} = R\dot{I}_S \tag{2.16.11}$$

这时，电流与输入电压同相，电路呈纯电阻特性。RLC 并联电路电压谐振的幅频特性和相频特性如图 2.16.4 所示。图 2.16.3 和图 2.16.4 有共同点，即：品质因素越大，幅频特性曲

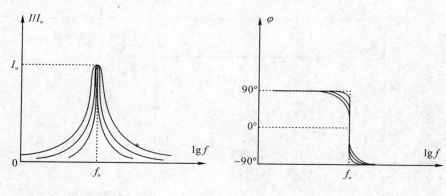

图 2.16.3

线越陡,相频特性曲线在谐振点附近斜率越大。

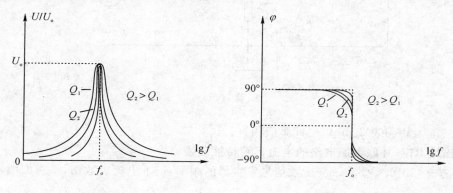

图 2.16.4

2.16.3 实验室操作实验内容和步骤

1. RLC 并联谐振电路的电压、电流波形

（1）在 KHDL-1 型电路实验箱上搭建如图 2.16.11 所示实验电路。其中：u_i 用 DF1641B1 型函数信号发生器,调成 8 kHz、3 V（用 DF2175 型交流毫伏表测）的正弦波；u_R 用 DF2175 型交流毫伏表测；电感 L_1、电阻 R_2 和电容 C_1 用实验箱右下角可变电感、可变电阻和可变电容；电阻 R_1 另配。

（2）打开函数信号发生器和示波器电源开关,读出电压表数据算出电流数值,并填入表 2.16.1 中。

表 2.16.1

	f_0(kHz)	$Z(\Omega)$	i(mA)	u_{R2}(V)	$u_{R1 /\!/ L1 /\!/ C1}$
计算值					
测量值					×

（3）调整和观察示波器上两踪信号,通过测量波形周期,计算并验证 RLC 并联谐振电

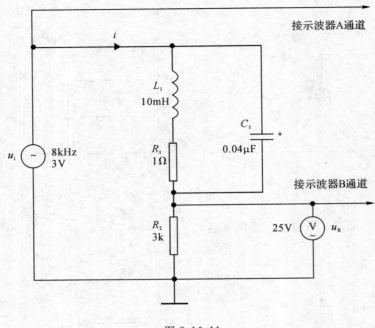

图 2.16.11

路的谐振 f_0 是否与表 2.16.1 中计算值相符。

2. 描绘 RLC 并联谐振电路的电流幅频特性曲线:

(1) 按表 2.16.2 要求改变函数信号发生器的频率,记下电流表数据,将它们填入表中。

表 2.16.2

频率(kHz)	3	4	5	6	7	8	9	10	11	12	13
i(mA)											

(2) 根据表 2.16.2 数据在坐标纸上画出 RLC 并联谐振电路的电流幅频特性曲线。

§2.16.4 实验报告要求和思考题

1. 完成实验室操作实验内容 1,计算并填好表 2.16.1,根据表 2.16.1 数据,对 RLC 并联电路进行分析和讨论。

2. 完成实验室操作实验内容 2,测量并填好表 2.16.2,在坐标纸上画出 RLC 并联谐振电路的电流幅频特性曲线。

3. 对所绘 RLC 并联谐振电路的电流幅频特性曲线进行讨论和分析。

4. 并联谐振产生的条件是什么?

5. 仿真时若电感线圈的内阻阻值选的过小,会出现什么情况?

2.16.6 实验设备和材料

1. 计算机及 Multisim 7.0 电子仿真软件。

2. KHDL-1 型电路实验箱。

3. DF1641B1 型函数信号发生器。

4. YB43020B 型双踪示波器。

5. DF2175 型交流毫伏表。

6. MF-500 型万用表。

7. 数字万用表。

8. 1Ω 电阻一只。

第三章　电工原理实验

实验 3.1　日光灯功率因数的提高

§3.1.1　实验目的

1. 熟悉日光灯的接线,做到能正确迅速连接电路。
2. 通过实验了解功率因数提高的意义。
3. 熟练功率表的使用。

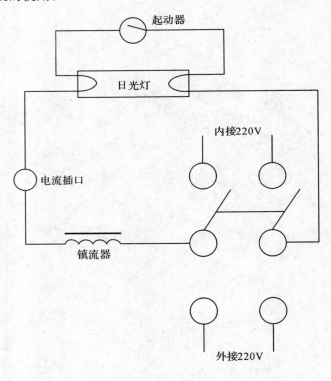

图 3.1.1

§3.1.2　原理说明

日光灯管 A,镇流器 L(带铁芯电感线圈),启动器 s 组成,当接通电源后,启动器内发生辉光放电,双金属片受热弯曲,触点接通.将灯丝预热使它发射电子,启动器接通后辉光放电停止。双金属片冷却,又把触点断开.这时镇流器感应出高电压加在灯管两端使日光灯管放电,产生大量紫外线,灯管内壁的荧光粉吸收后辐射出可见的光,日光灯就开始正常工作。启动器相当一只自动开关,能自动接通电路(加热灯丝)和开断电路(使镇流器产生高压,将灯管击穿放电)镇流器的作用除了感应高压使灯管放电外,在日光灯正常工作时,起限制电流的作用,镇流器的名称也由此而来,由于电路中串联着镇流器,它是一个电感量较大的线圈.因而整个电路的功率因数不高。

负载功率因数过低,一方面没有充分利用电源容量,另一方面又在输电电路中增加损耗为了提高功率因数,一般最常用的方法是在负载两端并联一个补偿电容器,抵消负载电流的一部分无功分量。在日光灯接电源两端并联一个可变电容器,当电容器的容量逐渐增加时,电容支路电流 I_c 也随之增大,因 I_c 导前电压 U 90°,可以抵消电流 I_G 的一部分无功分量 I_{GL},结果总电流 I 逐渐减小,但如果电容器 C 增加过多(过补偿)。$I_{cs} > I_{GL}$ 总电流又将增大($I_3 > I_2$)。

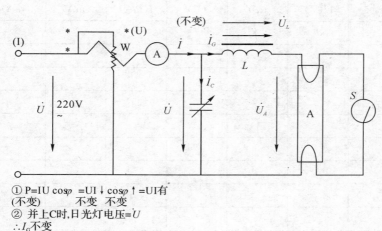

① $P = IU\cos\varphi = UI \downarrow \cos\varphi \uparrow = UI$有
(不变)   不变 不变
② 并上C时,日光灯电压$=U$
∴I_G不变

(a)

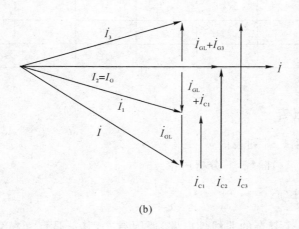

(b)

图 3.1.2

§3.1.3 实验内容

(1) 将日光灯及可变电容箱元件按实验图 3.1.2(a)所示电路连接。在各支路串联接入电流表插座。再将功率表接入线路,按图接线并经检查后,接通电源,电压增加至 220V。

(2) 改变可变电容箱的电容值,先使 $C=0$,测日光灯单元(灯管、镇流器)二端电压及电源电压,读取此时灯管电流 I_G 及功率表读数 P。

(3) 逐渐增加电容 C 的数值,测量各支路的电流和总电流。电容值不要超过 $6\mu f$,否则电容电流过大。

(4) 绘出 $I=f(c)$ 的曲线,分析讨论。

§3.1.4 实验结果

电容	总电压	U_L	U_A	总电流	I_C	I_G	功率 P
(μf)	$U(V)$	(V)	(V)	$I(mA)$	(mA)	(mA)	(W)
0							
0.47							
1.0							
1.47							
2.0							
2.47							
3.0							
3.47							
4.0							
4.47							
5.0							
5.47							
6.0							

§3.1.5 实验报告

1. 完成上述数据测试,并列表记录

2. 绘出总电流 $I=f(c)$ 曲线,并分析讨论

§3.1.6 注意事项

1. 日光灯电路是一个复杂的非线性电路,原因有二,其一是灯管在交流电压接近零时熄灭,使电流间隙中断,其二是镇流器为非线性电感。

2. 日光灯管功率(本实验中日光灯标称功率 20W)及镇流器所消耗功率都随温度而变,

在不同环境温度及接通电路后不同时间中功率会有所变化。

3. 电容器在交流电路中有一定的介质损耗。

4. 日光灯启动电压随环境温度会有所改变,一般在 180V 左右可启动,日光灯启动时电流较大(约 0.6A),工作时电流约 0.37A,注意仪表量限选择。

5. 本实验中日光灯电路标明在 D04 实验板上,实验时将双向开关扳向"外接 220V 电源"一侧,当开关扳向"内接电源"时由内部已将 220V 电源接至日光灯作为平时照明光源之用。灯管两端电压及镇流器两端电压可在板上接线插口处测量。

6. 功率表的同名端按标准接法联结在一起,否则功率表中模拟指针表反向偏转,数字表则无显示。

7. 使用功率表测量必须按下相应电压、电流量限开关,否则可能会有不适当显示。

8. 为保护功率表中指针表开机冲击,JDW-32 型功率表采用指针表开机延时工作方式,仪表通电后约 10 秒钟两表自动进入同步显示。

9. 本实验如数据不符理论规律首先检查供电电源波形是否过分畸变,因目前电网波形高次谐波分量相当高,如能装电源进线滤波器是有效措施。

实验 3.2 感应式仪表——电度表的检定

§3.2.1 实验目的

1. 熟悉单相交流电度表的结构原理
2. 掌握电度表的接线方法
3. 掌握电度表的检定方法与误差计算方法

§3.2.2 实验原理——电度表的结构、原理

感应式仪表是根据交变磁场在金属中产生感应电流从而产生转动力矩的基本原理而工作的仪表。最普遍的应用是测量交流电路中的电能。电度表是感应式仪表的基本形式。

电度表的结构与其他仪表相比有什么特殊的地方？主要在于：它的指示器不能像其他指示仪表的指针一样停在某一位置（例如当功率保持恒定时功率表指针指在某一位置），而应随着电能的不断增长（也就是随着时间推移）而继续转动，才能随时反映出电能积累的总数值。因此，电度表的指示器是个"积算机构"，将活动部分的转数通过齿轮传动机构、折换成被测电能的数值，由一系列齿轮上的数字直接指示出来。

1. 电度表的主要组成部分

（1）驱动元件，这是产生交变磁场的基本部件，由很细导线绕在铁心上的电压线圈和用较粗导线绕在另一铁心上的电流线圈组成，两块电磁铁上下排列。

（2）转动元件：这是一个铝制圆盘（转盘），驱动电磁铁的交变磁通穿过铝盘，在盘上就会感应出电流。由于特殊的空间磁场分布，使铝盘中感应的电流与磁场互相作用产生转动力矩。

（3）制动元件：由永久磁铁担任，其作用是在铝盘转动时产生制动力矩（类似于指示仪表中的反作用力矩），使铝盘转速与负载的功率成正比。

（4）积算机构：由一系列齿轮组成，用以直接进行记录电能的读数，所以一般称计度器。

2. 电度表工作原理

（1）铝盘为什么能转动？电度表的接线原理图如图 3.2.1，实际上与功率表接线并无两样。电流线圈与负载串联，电压线圈与负载并联。在功率表中指针转动力矩是由电流线圈产生的磁通与电压线圈中的电流互相作用的力而产生。在电度表中则是由电压线圈与电流线圈所产生的磁通在空间不同位置上穿过铝盘时与盘上感应的电流互相作用而产生转动铝盘的力矩，

这是感应式仪表的基本原理。

（2）平均转矩与负载功率 P 的关系：

由于 φ_I 与 φ_U 是由电流线圈中负载电流 I 与电压线圈中电流 I_U 产生的，并且 φ_I 与 I 同相，φ_U 与 U 同相，所以平均转矩也可写成：

$$M_P = K\varphi_I\varphi_U\sin\varphi = K'I_UI\ \sin\varphi$$

由于 $I_U = U/X_L$

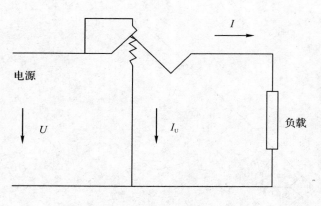

图 3.2.1

式中：U—电压线圈两端电压，也即负载电压；

X_L—电压线圈电抗，可认为是不变量。

如果在设计电度表时，使得 U 与 I_U 之间相位差保持 $90°$，则有

$$\varphi = 90° - \psi$$

式中：φ—U 与 I 间的相位角如图 3.2.2 所示，

于是 M_P 可写成：

$$M_P = K \varphi_I \varphi_U \sin\varphi$$
$$= K'' U I \sin(90° - \varphi)$$
$$= K'' U I \cos\varphi = C_M P$$

式中：C_M —常数；P—负载功率

这样，电度表中平均力矩是与负载功率成正比的。

（3）铝盘转数 N 与被测电能关系：

电度表中没有一般指针式仪表中所产生反抗力矩的游丝（弹簧），如果没有其他产生反抗力矩的措施，则铝盘会在 M_P 的作用下逐渐加速，由于存在永久磁铁，当铝盘转动时，由于铝盘导体切割磁通而感应电流，此电流与永久磁铁本身磁通相互作用始终是反抗铝盘转动的。而且铝盘转得越快，感应电流越大，产生的反抗力矩也越大，可以证明，反抗力矩（或称制动力矩）$M_T = K_T K\omega$，K_T 为常数，ω 是铝盘转动的转速。这样，当 M_P 作用下铝盘加速转动时，M_T 也随之增加，当 $M_P = M_T$ 时，铝盘转速 ω 保持稳定。

所以，在 $M_P = M_T$ 时，下式成立：

$$C_M P = K_T \omega$$

或写成 $\qquad P = K_P \omega$

如在测量时间 T 内，负载功率保持不变，则有：

$$PT = K_P \omega T$$

或写成 $\qquad W = K_P n$

式中：W—在测量时间 T 内负载所消耗的电能；

n—在测量时间内铝盘的转数。

如果在时间 T 内负载功率变化时上式也同样成立，即

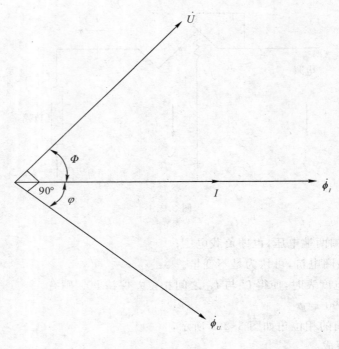

图 3.2.2

$$W = \varphi \int_0^T P\mathrm{d}t = K_P \int_0^T \omega \mathrm{d}t = K_P n$$

通常 K_P 的倒数用 N 表示,即

$$N = \frac{1}{K_P} = \frac{n}{W}$$

N 的单位是转/1 千瓦小时,称电度表常数,一般在电度表表面上标明。

§3.2.1 实验内容

1. 本实验中将对常用的单相电度表进行准确度检验以及电度表的其他主要技术指标,如灵敏度、潜动等进行测试

(1)电度表的准确度检定也就是检定电度表常数的误差,本实验中,电度表可在下表额定电流的不同百分比下测定准确度数。

单相电度表误差检定

负载电流 (标定电流的百分数)	$\cos\varphi$	基本误差%
5%～10%	1.0	±2.5
10%～100%	1.0	±2.0

(2)灵敏度是指电度表在额定电压、额定频率及 $\cos\varphi=1$ 的条件下,调节负载电流从零均匀上升,直到铝盘开始不停地转动为止,能使电度表不停转动的电流与标定电流的百分比称电度表的灵敏度。此指标说明了电度表的装配质量与轴承摩擦力大小。一般电度表规定

136

灵敏度应小于 0.5％标定电流。

（3）滞动是指负载等于零时,电度表铝盘仍会缓慢转动的情况,按规定无负载电流时,负载电压为标定值的 110％时,电度表转盘的转动不超过一整转为合格。

2. 电度表检定方法

电度表检定误差方法可用标准电度表对比法或功率表法（又称瓦—秒法）。本实验中采用后者,当用瓦—秒法检定时应保持功率 P（瓦）不变,这样在时间 T（秒）内消耗电能 $W = PT$,若在 T 内知道电度表转速为 n,则被测电度表常数为 $N' = \dfrac{3600n}{PT \cdot 10^{-3}}$,$\Delta n = N' - N$。

实验测试线路如下:

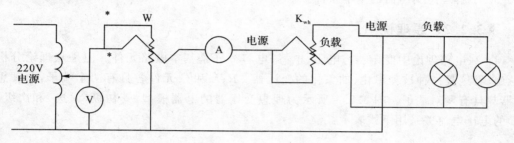

实验步骤:

1. 接好线路,选定电表适当量限,负载用 220V 40W 白炽灯泡二只并联。

2. 电压调至 220V 保持不变,并读取 P、U 及 I,观察电度表,当铝盘边上黑色标志正对前面时开始计时并对铝盘转数计数,计数量可自由选定,如 10 转、20 转或 50 转。一般来说,由于电网电压波动影响,计数较多时可平均电压上下变化对铝盘转速影响。

3. 将白炽灯改成二灯串联接法,重复测量。

4. 保持电源电压为 220V,与白炽灯再串联大阻值可变电阻,当电阻逐渐变小时,观察电度表铝盘开始不停转动时的电流值,计算灵敏度。

5. 电源电压调至 110％电度表额定电压,断开负载,观察铝盘是否转动,检定电度表潜动是否合格。

测试结果:

负载电流 （额定电流百分数）	U(V)	P(W)	I(A)	T(秒)	n(转)	N'	N	ΔN
％I_H								
％I_H								
灵敏度	％I_H			潜动情况(％U_H)				

实验电度表常数 N

实验 3.3 变压器及其参数测量

§3.2.1 实验目的

1. 掌握变压器各参数测试的方法,电压、电流、阻抗以及功率的变换关系。
2. 掌握交流电压表、电流表及功率表的正确使用连接方法。
3. 了解理想变压器的基本条件。

§3.2.2 原理说明

1. 在电路理论中变压器与电阻、电感、电容一样是基本电路元件。但是从理论分析的观点来看这是一种被理想化、抽象化的变压器。R、L 和 C 元件各具有两个端子,而理想变压器却具有两对端子。图 3.3.1 所示为理想变压器的电器模型,其初级(原边)和次级(副边)的电压电流关系用下式表示:

$$u_1 = nu_2$$
$$i_2 = -ni_l$$

式中 n 称作变压器的变比或匝数比,这些方程中的正负号适用于图示参考方向;如果任何一个参考方向变了,其相应的正负号也将改变。

理想变压器有这样的性质:一个电阻 R_L 接在一对端子上,而在另一端子上则表现为 R_L 乘以变比 n 的平方。图中 $u_2 = -R_L i_2$ 代入

$$u_1 = nu_2 = -R_L i_2 n = (n^2 R_L) i_l$$

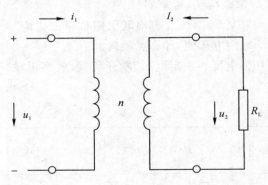

图 3.3.1 理想变压器

因而在输入端上的等值电阻是 $n^2 R_L$。

理想变压器输入的全部能量是

$$u_1 i_1 + u_2 i_2 = 0$$

上式说明理想变压器是一种无源器件,它既不储存能量也不消耗能量,仅仅是传送能量,从电源吸收的功率全部传送给负载。

(2)理想变压器实际上是不存在的。实际的变压器通常都是用线圈和铁芯组成,在传递

能量的过程中要消耗电能。因为线圈有直流电阻,铁芯中有涡流磁带损耗,并且为了传送能量铁芯中还必须储藏磁能,所以变压器还对电源吸收无功功率。线圈中的损耗称铜耗,铁芯中的损耗称铁耗。通常,这些损耗相对于变压器传递的功率来说一般都是较小的。因此,在许多情况下实际变压器可近似作为理想变压器。其电压比、电流比、阻抗比及功率关系可通过实验测量取得,图 3.3.2 为变压器参数测量线路。

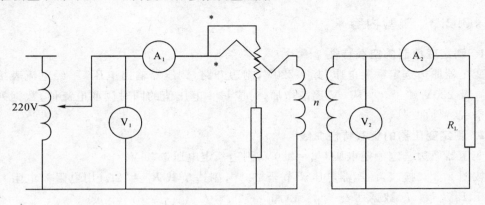

图 3.3.2

分别测出变压器原边的电压 U_1、电流 I_1、功率 P_1 及副边的电压 U_2、电流 I_2,即可计算出各项参数:

1. 电压比　　　$n_u = \dfrac{U_1}{U_2}$

2. 电流比　　　$n_i = \dfrac{I_2}{I_1}$

3. 阻抗比　　　$n_z = \dfrac{Z_1}{Z_2}$

4. 原边阻抗　　$Z_1 = \dfrac{U_1}{I_1}$

5. 副边阻抗　　$Z_2 = R_L = \dfrac{U_2}{I_2}$

6. 负载功率　　$P_2 = U_2 I_2$

7. 损耗功率　　$P_0 = P_1 - P_2$

8. 效率　　　　$\eta = \dfrac{P_2}{P_1}$

9. 功率因数　　$cos\varphi = \dfrac{P_1}{U_1 I_1}$

10. 原边线圈铜耗　$P_{01} = I_1^2 \gamma_1$

11. 副边线圈铜耗　$P_{02} = I_2^2 \gamma_2$

12. 铁耗　　　　　$P_{03} = P_0 - (P_{01} + P_{02})$

(γ_1、γ_2 为变压器原边、副边线圈直流电阻)。

由于铁芯变压器是一个非线性元件,铁芯中的磁感应强度决定于外加电压的数值。同时因为建立铁芯磁场必须提供磁化电流,外加电压越高。铁芯磁感应强度越大,需要的磁化电流也越大。所以,外加电压和磁化电流的关系反映了磁化曲线的性质。在变压器中次级开路时,输入电压与磁化电流的关系称为变压器的空载特性,曲线的拐弯处过高,会大大增加磁化电流,增加损耗,过低会造成材料未充分利用。

变压器的各项参数也会随输入电压作非线性的变化,一般情况下电压低于 U_H 偏离线性程度较小,电压大于 U_H 时将严重畸变(U_H 为额定电压值)。

§3.2.3　实验内容

1. 测定变压器的空载特性

变压器原边选定额定电压 $U_H = 220\text{V}$,副边开路,调压器输出电压 U_1 经电流表接至变压器 0 及 220V 端子,U_1 从 0V 逐渐增加,对应每一电压值的同时读取电流值,数据列表并作出空载特性曲线。

2. 测定变压器的负载特性曲线

变压器原边选定额定电压 $U_H = 220\text{V}$,副边额定电压选 36V。

按图 3.3.2 接线,调压器电压调节至 220V,副边负载 $R_L = 72\Omega$(用电阻箱电阻),读取 P_1、U_1、I_1 及 U_2、I_2 数据列表。

变压器空载特性

$U_1(\text{V})$	0	10	20	30	50	80	120	160	200
$I_1(\text{mA})$									

变压器负载特性测量数据				
$U_1(\text{V})$	$I_1(\text{A})$	$U_2(\text{V})$	$I_2(\text{A})$	$P_1(\text{W})$

计 算 数 据					
$P_2 = U_2 I_2$	$Z_2 = R_L = U_2/I_2$	$P_0 = P_1 - P_2$	$P_{01} = I_1^2 r_1$	$P_{02} = I_2^2 r_2$	$P_0 - P_{01} - P_{02}$
$n_U = U_1/U_2$	$N_1 = I_2/I_1$	$Z_1 = U_1/I_1$	$n_z = Z_1/Z_2$	$\eta = P_2/P_1$	$\cos\varphi = P_1/U_1 I_1$

实验 3.4　三相鼠笼式异步电动机的 Y—△ 延时启动控制电路

§3.4.1　实验目的

1. 学习异步电动机 Y—△延时启动控制电路
2. 了解时间继电器在电动机控制中的应用

§3.4.2　原理说明

时间原则控制电路的特点是动作之间有一定的时间间隔。使用的元件是时间继电器，它有多种形式，但基本功能只有两类，即通电延时式和断电延时式，符号如图 1 所示。设计时间原则控制电路要正确选择时间继电器类型、延迟时间范围、线圈电压及触头额定电流。

本实验中所用电子式晶体管时间继电器主要技术数据如下：

型　号	通电延时触头对数	延时范围	额定工作电压（线圈，触头）	触头工作电流	消耗功率
JS20—30	1 对常开 1 对常闭	3～30 秒	380V　5% —15%	≤2A	5W

使用注意事项：

继电器的延时刻度不表示实际延时值的精确值，仅供整定延时时间参考。若要求精确的延时值，需在使用前用标准计时器进行核对。

本实验所用电路元件板如图 3.4.2 所示。安装有三只接触器 KM1、KM2 和 KM3、一只热继电器 FR、一只时间继电器 KT 及三只按钮。用此电路板可组成异步电动机 Y—△变换延时启动电路，控制要求是：用接触器 KM1 及 KM3 控制电动机接成星形降压启动；用时间继电器控制延迟一段时间后断开星形接法连线，使电机断电靠惯性运转；同时用接触器 KM2 将电机接成△形正常运转；电路应具有联锁保护，防止两接触器同时接通而造成电源短路；转入正常运行后应断开时间继电器线圈的电源。控制电路原理图如图 3.4.1 所示。自行分析该电路是如何实现上述控制要求的。并据此原理图在元件板上连接导线，实现对电动机的控制。

§3.2.3　实验设备

1. 控制电路板　　　　　　　　　　　　　　　　　　　一块
2. 三相异步电动机　　　　　　　　　　　　　　　　　一台
3. 500 型万用表　　　　　　　　　　　　　　　　　　一只

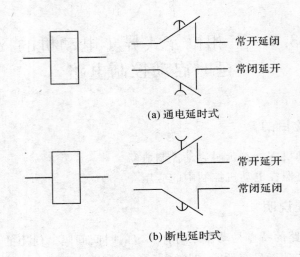

(a) 通电延时式

(b) 断电延时式

图 3.4.1

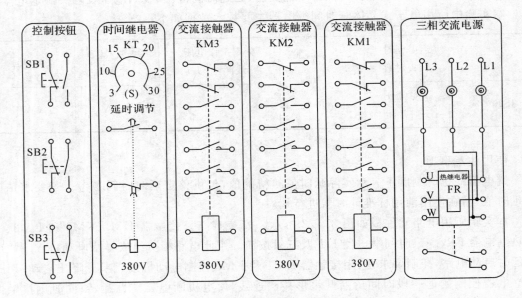

图 3.4.2　接触器、继电器控制面板

§3.4.4　实验内容

1. 实现电动机 Y—△延时变换启动,按图 3.4.3 接线,将延迟时间调节到 3～15 秒,启动电动机,观察动作顺序是否满足控制要求。

2. 试设计一个延时启动控制电路,经老师审阅后进行实验操作。控制要求:

①按下启动按钮后,电机不转;

②等待 5 秒钟后电动机自动按△形接法直接启动;

③任何时刻按下停止按钮,电机停转;

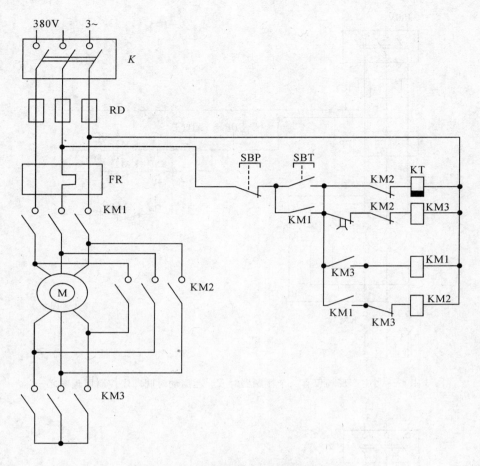

图 3.4.3 时间原则控制原理原理电路图

§3.4.5 注意事项

1. 如仅有二只接触器的条件下也可实现电动机 Y—△延时变换启动,按图 3.4.4 接线时,SBT 接通时间应稍长于 KT 整定时间。按图 3.4.5 接线时可省略 SBT 而以空气开关 K 兼作电源开关与 SBT。

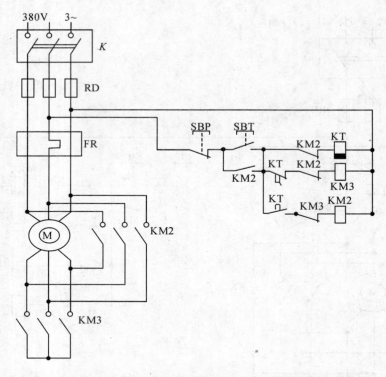

图 3.4.4 当生产现场仅有二个接触器时 Y—△启动时间顺序控制原理图之一

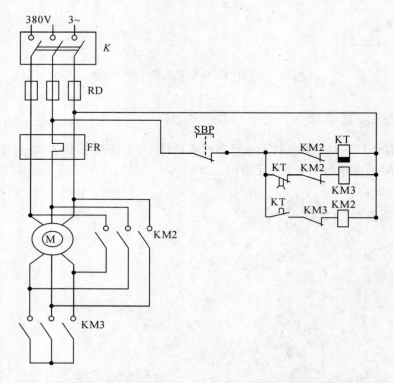

图 3.4.5 当生产现场仅有二个接触器时 Y—△启动时间顺序控制原理图之二

实验 3.5　三相鼠笼式异步电动机的使用与启动

§3.5.1　实验目的

1. 熟悉三相鼠笼式异步电动机的结构和额定值
2. 学习检验异步电动机绝缘情况的方法
3. 学习三相鼠笼式异步电动机的启动和反转方法

§3.5.2　原理说明

　　三相鼠笼式异步电动机具有结构简单、工作可靠、使用维护方便、价格低廉等优点。为目前应用最广的电动机。它是基于定子与转子间的相互电磁作用。把三相交流电能转换为机械能的旋转电机。

　　三相鼠笼式异步电动机的基本构造有定子和转子两大部分。

　　定子主要由定子铁心、三相对称定子绕组和机座等组成，是电动机的静止部分。三相定子绕组一般引用六根引出线，出线端装在机座外面的接线盒内，如图 3.5.1 所示。在各相绕

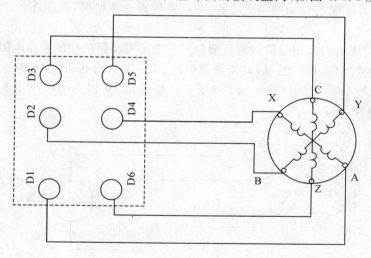

图 3.5.1

组的额定电压已知的情况下，根据相电源电压的不同，三相定子绕组可以接成星形或三角形，然后与电源相连。当定子绕组通以三相电流时，便在其内生产一幅值不变的旋转磁场，其转速 n_1（称同步转速）决定于电源频率 f 和电机三相绕组构成的磁极对数 P，其间关系为：

$$n_1 = \frac{60 \times f}{p}（转/分）$$

　　旋转方向与三相电流的相序一致。

　　转子主要由转子铁心、转轴、鼠笼式转子绕组、风扇等组成，是电动机的旋转部分，小容量鼠笼式异步电动机的转子绕组大都采用铝浇铸而成，冷却方式一般都采用风扇冷却。在

旋转磁场的作用下,转子感应电动势和电流,从而产生一旋转力矩,驱动机械负载旋转,将定子绕组从电源取得的电能转换成轴上输出的机械能,转子的旋转方向与磁场的转向一致,转速 n 始终低于旋转磁场的转速 n_1,即 $n < n_1$,故称异步电动机。

三相鼠笼式异步电动机的额定值标记在电动机铭牌上,表1为本实验异步电动机的铭牌,其中:

1. 型号 电动机的机座型式、转子类型和极数。
2. 功率 额定运行情况下,电动机轴上输出的额定机械功率。
3. 电压 额定运行情况下,定子的三相绕组应加的额定电源线电压。
4. 电流 额定运行情况下,当电动机输出额定功率时,定子电路的额定线电流。

表 1

三相交流鼠笼式异步电动机					
型号	AO25614	电压	380V	接法	△
功率	60W	电流	0.28	定额	连续
转速	1460r/min	功率因数	0.85		
频率	50Hz	绝缘等级	E 级		

任何电气设备必须安全可靠使用,这和它导线之间及导电部分与地(机壳)之间的绝缘情况有关,所以在安装与使用电动机之前,一定要检查绝缘情况,就是在使用期间也应作定期的检查。

电动机的绝缘电阻可用兆欧表进行测量。一般是对绕组的相间绝缘电阻及绕组与铁心(机壳)之间的绝缘电阻进行测量,对于额定电压 1kV 以下的电动机,其绝缘电阻值最低不得小于 $1000\Omega/V$,测量方法如图 3.5.2 所示。一般说 500V 以下的中小型电动机最低应具有 0.5MΩ 的绝缘电阻。

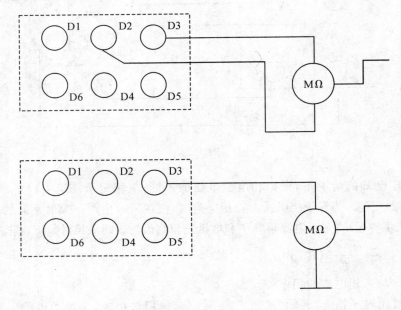

图 3.5.2

异步电动机三相定子绕组的六个出线端有三个首（始）和三个末（尾）端，首端标以 D_1、D_2 和 D_3，末端标以 D_4、D_5 和 D_6，如图 1 所示，在本实验中为便于电机引出线与外部设备连接起见，已将 $D_1 \sim D_6$ 接线端连接至底板上 6 个接线插口，并以 A、B、C 分别表示电机三个首端，X、Y、Z 分别表示电机三个末端。在接线如果没有按照首、末端的标记正确连接，则电动机可能启动不了，或引起绕组发热、振动、有噪音，甚至电动机不能启动并因过热而烧毁。

若由于某种原因定子绕组六个出线端标记无法辨认时，则可以通过以下实验方法来判别其首、末端（即同名端）。方法如下：

①用指针式万用表欧姆挡从六个出线端中确定哪一对引出线是属于同一相的，分别找出三相绕组。再确定某绕组为 A 相，并将其二个出线端标以符号 A 和 X。

②把 A 相绕组末端 X 和任意另一绕组（设绕组 B-浙 Y）串联起来，并通过开关和一节干电池连接，如图 3 所示。第三绕组（绕组 C-浙 Z）两端与万用电表的表笔相接触，并将万用表的选择开关转到直流毫安的最小量程挡。当开关 K 接通瞬间，如果万用表指针的正向摆动（若反向摆动，立即调换万用表两表笔的极性，使指针正向摆动），且摆动较大（二次比较），则可判定 A、B 两绕组为尾—首相连接，即与 A 相末端 X 相连的是 B-浙 Y 相绕组的首端，于是标以符号 B，另一端标以 Y。与此同时，可以确定由万用电表负表笔所接触的第三绕组出线端与电池正极所接的 A-浙 X 相首端 A 为同名端，于是该端是 C-浙 Z 相的首端，标以符号 C，另一端标以 Z。

进一步加以验证，当绕组 A-浙 X 和 B-浙 Y 为首—浙首或尾—浙尾相连接时，则万用表指针摆动较小或基本不动。

三相交流鼠笼式异步电动机的启动方法有：

①直接启动　启动电流大，只适用于小容量的电动机

②降压启动　启动转矩随电压的平方而下降，故只适用于启动转矩要求不大的场合。

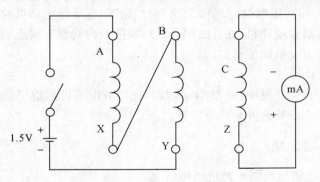

图 3.5.3

对于正常运行时，定子绕组采用三角形连接的电动机，可应用 $Y-\triangle$ 降压启动法；对于正常运行时，定子绕组采用星形连接的电动机，只能应用自耦变压器（也称补偿器）降压启动法。

异步电动机的反转：因为异步电动机的旋转方向取决于三相电流流入定子绕组的相序，故只要改变三相电源与定子绕组连接的相序即可使电动机改变旋转方向。

§3.5.3 预习思考题

1. 根据本实验异步鼠笼式电动机的铭牌,计算出三角形连接与星形连接时应输入的电源电压。

2. 试画出电机反转时三种电源接线图。

3. 对电机三相绕组首尾端测试方法加以原理说明。

§3.5.4 实验内容

1. 记录三相鼠笼式异步电动机的铭牌数据。

三相鼠笼式异步电动机铭牌

型号＿＿＿＿＿＿＿＿　　电压＿＿＿＿＿＿＿　（V）　接法 ＿＿＿＿＿＿

功率＿＿＿＿＿＿　（W）电流＿＿＿＿＿　（A）　定额＿＿＿＿＿＿

转速＿＿＿＿＿＿　（r/min）　　功率因数 ＿＿＿＿＿＿

频率＿＿＿＿＿　（Hz）　　绝缘等级＿＿＿＿＿＿

2. 用万用表判别定子三相绕组的首、末端

3. 用兆欧表测量电动机的绝缘电阻

各相绕组之间的绝缘电阻:

A 相与 B 相　　　　　　　　　　　　＿＿＿＿＿＿＿＿＿＿＿＿＿＿（MΩ）

B 相与 C 相　　　　　　　　　　　　＿＿＿＿＿＿＿＿＿＿＿＿＿＿（MΩ）

C 相与 A 棚　　　　　　　　　　　　＿＿＿＿＿＿＿＿＿＿＿＿＿＿（MΩ）

绕组对地(机壳)之间的绝缘电阻 ＿＿＿＿＿＿＿＿＿＿＿＿＿＿（MΩ）

4. 电动机的直接启动

采用 380V 的三相交流电源,按图 3.5.4(a)线路图,连接好电动机的定子绕组及实验电路,启动电动机,在开关闭合的一瞬间及时观察直接启动电流的冲击情况,并观察电动机的旋转方向。

5. 电动机的反转

采用 380v 的三相交流电源,按图 4(b)线路,连接好电动机的定子绕组及实验电路。启动电动机,观察电动机的旋转方向是否反转。

§3.5.5 实验总结

1. 从所测绝缘电阻值判断电动机绝缘情况。

2. 对三相鼠笼式异步电动机的正反转运行加以原理说明。

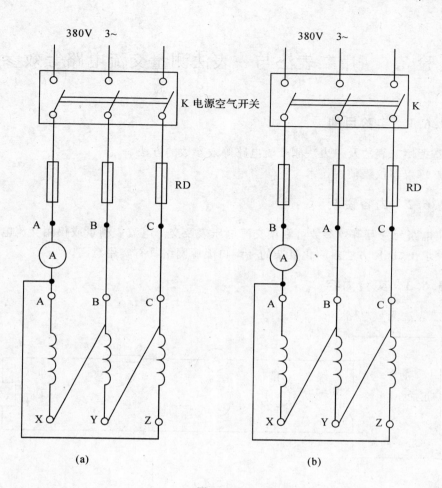

(a)   (b)

图 3.5.4

实验3.6 用二表法与一表法测量交流电路等效参数

§3.6.1 实验目的

1. 掌握用二表法及一表法测交流电路等效参数的方法
2. 熟练仪器仪表使用技术

§3.6.2 内容说明

交流电路元件等等效参数可利用交流电压表及交流电流表测量或仅用交流电压表测量后经运算求出,这种方法对简化复杂的一端口无源网络具有实用意义。

§3.6.3 实验内容

1. 二表法测量电路

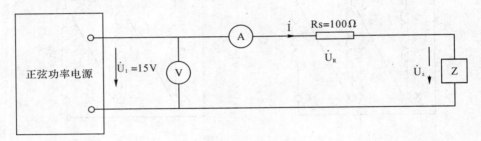

图 3.6.1

图中 R_S 为外加电阻,其阻值大小与精度与测量结果误差无关,激励电源用正弦功率电源,频率调节在 200Hz(不用 50 Hz 电网电源是由于电网波形失真过大,电压不稳定等原因),用交流电压表测量 U_1、U_z 及 U_R 用电流表测量线路电流,Z 为任意复合一端口网络。本实验中用一个 RLC 组合电路来模拟,电路如图 2,其中 L 采用互感器原边或副边线圈,标称电感量 100mH,实际值可用电感表测量后标注,RL 为线圈电阻,$r = 50\Omega$ 可用电阻箱电阻,$C = 2uf$ 可用电容箱电容,如果 Z 为电感性阻抗则向量图如图 3。

$\dot{U}_1$,$\dot{U}_R$,$\dot{U}_z$ 组合闭合三角形 $\triangle OAB$,且有 $U_1 = \dot{U}_R + \dot{U}_z$,由余弦定律可求出 $\cos\varPhi_1 = (U_1^2 + U_R^2 - U_z^2)/2U_1 U_R$,$\dot{U}_z = \dot{U}_{RL} + \dot{U}_L$ 构成直角三角形 $\triangle BAC$,则

$$U_{RL} = U_1\cos\varPhi - U_R \qquad U_L = U_1\sin\varPhi_1 \qquad 等效\ R_L' = U_{RL}/I$$

$$等效\ L' = U_L/\omega I = U_L/2fI$$

同理,如 Z 为容性阻抗也一样可求出等效参数,判断 Z 的阻抗性质的方法可在 Z 两端并上一小电容观察电流变化来确定。

2. 一表法测量线路同上,但串联电阻 Rs 的阻值应预先已知,这样线路电流 $I = U_R/Rs$,其余计算方法同上,此法实用性更强。

二表法实验数据

$U_1(V)$	$U_R(V)$	$U_Z(V)$	$I(mA)$	$R_S = U_R/I$	
计算数据					
$Z(\Omega)$	$\cos\Phi$	Φ	等效 $R_L{}'(\Omega)$	等效 $L'(mH)$	等效 $C'(uf)$

一表法实验数据

$U_1(V)$	$U_R(V)$	$U_Z(V)$	$I = U_R/R_S$	$R_S(\Omega)$	
计算数据					
$Z(\Omega)$	$\cos\Phi$	Φ	等效 $R_L{}'(\Omega)$	等效 $L'(mH)$	等效 $C'(uf)$

实验 3.7 三表法测量交流电路等效阻抗

§3.7.1 实验目的

1. 学习用功率表、电压表、电流表测定交流电路元件等效参数的方法。
2. 掌握功率表的使用方法。

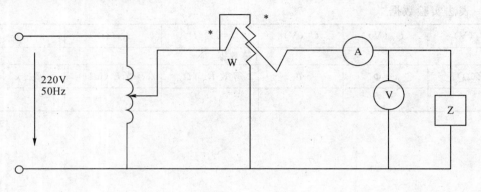

图 3.7.1

§3.7.2 实验线路图 3.7.1

由功率表 w 测量一端口网络 Z 的功率 P，电压表、电流表分别测量 Z 的电压与电流，如果 z 的阻抗为感性，则有：

$$Z=\frac{U}{I} \qquad \cos\Phi=\frac{P}{UI} \qquad 由上式可计算等值参数$$

$$R'=|Z|\cos\Phi \qquad L'=X_L/\omega=|Z|\sin\Phi/\omega$$

如果 Z 是容性阻抗，则其等值参数为：

$$R'=|Z|\cos\Phi \qquad C'=l/\omega X_c=l/\omega|Z|\sin\Phi$$

判断 Z 的阻抗性质的方法同实验十五所述

§3.7.3 实验注意事项

(1)图 l 中阻抗网络 Z 可采用图 3.7.2 结构 $C=10\ uf$，可用电容箱电容. T 为单相变压器 $0\sim36V$ 副边输入端(具有 L 和 R_L) R 用电阻箱。

(2)按图接好线路，功率表同名端连在一起，电流量限可选 $0.4A$，电压量选 $50V$。

(3)正弦功率电抗($f=100Hz$)输出电压逐渐增加至 $18V$ 左右，增加过程中随时观察电流表与电压表，显示值不超过功率表量限。

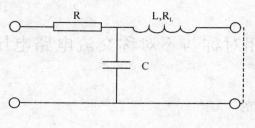

图 3.7.2

§3.7.4　实验数据

直接测量值			中间计算值			网络等效参数	
$U(V)$	$I(A)$	$P(W)$	$Z(\Omega)$	$\cos\Phi$	Φ	$R(\Omega)$	L 或 C

§3.7.5　注意事项

（1）功率表的同名端按标准接法联连在一起，否则功率表中指针表反偏而数字表无显示。

（2）使用功率表测量时必须正确选定电压量限与电流量限，按下相应的键式开关，否则功率表将有不适当显示。

（3）变频功率电源应选用正弦波输出，频率调节在 100Hz（不采用 50Hz 是为了减少电网可能的同频干扰）。同时，如果变频功率源输出端直接接电容负载，则必须在其输出端预先串联一个 5Ω 左右的电阻，以防止电容冲击电流引起的不稳定（保护线路动作）。

实验 3.8 三相对称与不对称交流电路电压、电流的测量

§3.8.1 实验目的

1. 学会三相负载星形和三角形的连接方法,掌握这两种接法的线电压和相电压,线电流和相电流的测量方法。

2. 观察分析三相四线制中,当负载不对称时中线的作用。

3. 学会相序的测试方法。

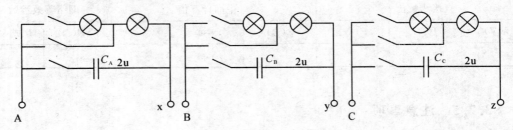

实验图1

§3.8.2 原理说明

将三相阻容负载(实验图1)各相的一端 X、Y、Z 连接在一起接成中点,A、B、C(或 U、V、W)分别接于三相电源即为星形连接,这时相电流等于线电流,如电源为对称三相电压,则因线电压是对应的相电压的矢量差,在负载对称时它们的有效值相差 $\sqrt{3}$ 倍。即

$$U_{线} = \sqrt{3} \times U_{相}$$

这时各相电流也对称,电源中点与负载中点之间的电压为零,如用中线将两中点之间连接起来,中线电流也等于零,如果负载不对称,则中线就有电流流过,这时如将中线断开,三相负载的各相相电压不再对称,各相电灯出现亮、暗不同的现象,这就是中点位移引起各相电压不等的结果。

如果将实验图1的三相负载的 X 与 B、Y 与 C、Z 与 A 分别相连.再在这些连接点上引出三根导线至三相电源,即为三角形连接法,这时线电压等于相电压,但线电流为对应的两相电流的矢量差,负载对称时,它们也有 $\sqrt{3}$ 倍的关系,即

$$I_{线} = \sqrt{3} \times I_{相}$$

若负载不对称,虽然不再有 $\sqrt{3}$ 倍的关系,但线电流仍为相应的相电流矢量差,这时只有通过矢量图方能计算它们的大小和相位。

在三相电源供电系统中,电源线相序确定是极为重要的事情,因为只有同相序的系统才能并联工作,三相电动机的转子的旋转方向也完全决定于电源线的相序,许多电力系统的测量仪表及继电保护装置也与相序密切有关。

确定三相电源相序的仪器称相序指示器,它实际上是一个星形联结的不对称电路,一相

中接有电容C,另二相分别接入相等的电阻R(或两个相同的灯泡)如图2所示:

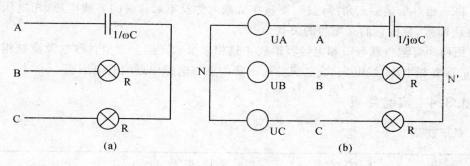

图 2

如果把图(a)的电路接到对称三相电源上,等效电路如图(b),则如果认定接电容的一相为 A 相,那么,其余二相中相电压较高的一相必定是 B 相,相电压较低的一相是 C 相,B、C 两种电压的相差程度决定于电容的数值,电容可取任意位,在极限情况下 B、C 两相电压相等,即如果 C=0,A 相断开,此时 B、C 两相电阻串接在线电压上,如两电阻相等,则两相电压相同,如 C=∞,A 相短路,此时,B、C 两相都接在线电压上,如电源对称,则两相电压也相同。当电容为其他值时,B 相电压高于 C 相,一般为便于观测,B、C 两相用相同的灯泡代替R,如选择 I/ωC=R,这时有简单的计算形式:

设三相电源电压为 $U_A=U\angle 0°$,$U_B=U\angle-120°$,$U_C=U\angle 120°$,电源中点为 N,负载中点 N',两中点电压为:

$$U_{NN'}=\frac{j\omega_C U_A+U_B/R+U_C/R}{j\omega C+1/R+1/R}$$

$$=\frac{jU\angle 0°+U\angle-120°+U\angle 120°}{j+2},$$

$$=(-0.2+0.6j)U$$

B 相负载的相电压

$$U_{BN'}=U_B-U_{NN'}=U\angle-120°-(-0.2+0.6j)U$$

$$=(-0.3-j1.47)U=1.5U\angle-105.5°$$

C 相负载的相电压

$$U_{CN'}=U_C-U_{NN'}=U\angle l20°-(-0.2+j0.6)U$$

$$=(-0.3-j0.266)U=0.4U\angle-138.4°$$

由计算可知,B 相电压较 C 相电压高 2.8 倍,所以 B 相灯泡较 C 相亮,亦即灯亮的一相,电源相序就可确定了。

§3.8.3　实验任务

1. 将三相阻容负载按星形接法联接,接至三相对称电源。

2. 测量有中线时负载对称和不对称的情况下,各线电压、相电压、线电流、相电流和中线电流的数值。

3. 拆除中线后,潮量负载对称和不对称,各线电压、相电压、线电流、相电流的数值。观察各相灯泡的亮暗,测量负载中点与电源中点之间的电压,分析中线的作用。

4. 将三相灯板接成三角形连接,测量在负载列称及不对称时的各线电压、相电压、线电流、相电流读数,分析它们互相间的关系。

5. 用两相灯泡负载与一相电容器组成一只相序指示器接上三相对称电源检查相序,并测量指示器各相电压、线电压、线电流及指示器中点与电源中点间的电压。

§3.8.4 实验结果

1. 星形连接

测量值 负载状态		线电压(伏)			相电压(伏)相(线)电流(安)						中线电流 (安)	中点间 电压(伏)
		U_{AB}	U_{BC}	U_{CA}	U_A	U_B	U_C	I_A	I_B	I_C		
负载 对称	有中线											
	无中线											
负载 不对称	有中线											
	无中线											

2. 三角形接法(负载对称)

测量值 负载状态	线电压(伏)			线电流(安)			相电流(安)			线电流/相电流		
	U_{AB}	U_{BC}	U_{CA}	I_{AB}	I_{BC}	I_{CA}	I_A	I_B	I_C	I_A/I_{AB}	I_B/I_{BC}	I_C/I_{CA}
对称负载												
不对称负载												

3. 相序指示器

U_{AB}	U_{BC}	U_{CA}	U_{AN}'	U_{BN}'	U_{CN}'	I_A	I_B	I_C	U_{NN}'	R_B	R_C	C

§3.8.5 实验报告

由实验数据分析中线的作用。

§3.8.6 注意事项

1. 阻容负载中每相有 1 只 2 uf 电容和 2 只 220V 25(15)W 白炽灯泡,分别由三只开关控制变换接线,二只灯泡可通过开关接成串联或后 1 只灯泡被短接,前 1 只灯泡与电容并联,串联接法用于 380V/220V 系统中三角形负载联接。

2. 作负载不对称连接时.可同时控制电容与灯泡的各种联接。

3. 如使用电流表插座应控制插头快速进出,同时电流表量限适当选大一些,防止电容负载电流瞬态冲击使过载记录器启动。

4. 因本实验操作电压最高,所以必须小心接线,改接线路必须断电,特别注意不使电流表插头线悬空时插入有电插座。

5. 如需改变电网电压·380/220V 系统为成 220/127V 系统时,可利用 DO6 元件上的三个独立变压器接成三相供电路,每相负载采用两只 15W 灯泡。

6. 由于电灯泡灯丝是非线性电阻,因此在同一灯泡上当电压变化 $\sqrt{3}$ 倍时,电流改变不会是 $\sqrt{3}$ 倍。

实验 3.9 三相电路电功率的测量

§3.9.1 实验目的

1. 熟悉功率表的正确使用方法
2. 掌握三相电路中有功功率的各种测量方法

§3.9.2 原理说明

1. 工业生产中经常碰到要测量对称三相电路与不对称三相电路的有功功率的测量问题。测量的方法很多,原则上讲,只要测出每相功率(即每相接一只功率表)相加就是三相总功率。但这种方法只在有对称三相四线制系统时才是方便的,如负载为三角联接或虽为星形联接但无中线引出来,在这种情况下要测每相功率是比较困难的,因而除了在四线制不对称负载情况下不得不用三只瓦特表测量的方法外,常用下列其他方法进行测量。

2. 二瓦表法

在三线制不对称负载情况下常采用二瓦法测量三相总功率,接线方式有三种如图3.9.1所示。

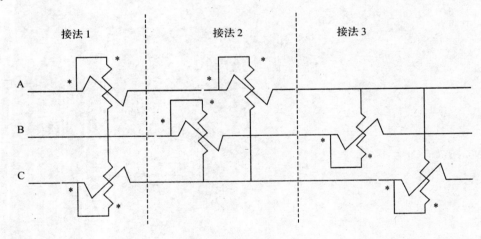

图 3.9.1

以接法 1 为例证明二瓦表读数之和等于三相总功率
瞬时功率

$$P_1 = u_{AB}i_A = (u_A - u_B)i_A$$

$$P_2 = u_{CB}i_C = (u_C - u_B)i_C$$

$$P_1 + P_2 = u_Ai_B + u_Ci_C - u_B(i_A + i_C)$$

由于在三线制中　$i_A + i_B + i_C = 0$

所以　　　　　$-(i_A + i_C) = i_B$

于是 $\quad P = P_1 + P_2 = u_A i_A + u_B i_B + u_C i_C$

瓦特表读数为功率的平均值

$$P = P_1 + P_2 = \frac{1}{T}\int_C^T (u_A i_A + u_B i_B + u_C i_C)\mathrm{d}t = P_A + P_B + P_C$$

如果电路对称,可作矢量如图 3.9.2 所示

由图可得:

$$P_1 = U_{AB} I_A \cos(\varPhi + 30°)$$
$$P_2 = U_{CB} I_C \cos(\varPhi - 30°)$$

因为电路对称

所以 $\quad U_{AB} = U_{BC} = U_{CA} = U_L$

U_L 为线电压

$$I_A = I_B = I_C = I_L$$

I_L 为线电流

$$P_1 = U_L I_L \cos(\varPhi + 30°)$$
$$P_2 = U_L I_L \cos(\varPhi - 30°)$$

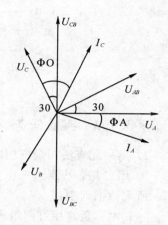

图 3.9.2

利用三角等式变换可得:

$$P = P_1 + P_2 = \sqrt{3} U_L I_L \cos\varPhi$$

下面讨论几种特殊情况

① $\varPhi = 0$

可得

$P_1 = P_2$ 读数相等

② $\varPhi = \pm 60°$

$\varPhi = +60°$ $\quad P_1 = 0$

$\varPhi = -60°$ $\quad P_2 = 0$

③ $|\varPhi| > 60°$

$\varPhi > 60°$ $\quad P_1 < 0$

$\varPhi < 60°$ $\quad P_2 < 0$

在最后一种情况下有一瓦特表指针反偏,这时应该将瓦特表电流线圈两个端子对调同时读数应算负值。

(3)三相无功功率的测量

二瓦表法

这种方法与二瓦表测三相有功功率接线相同但测无功功率只能用于负载对称的情况下:

$$P_2 - P_1 = U_L I_L [\cos(\varPhi - 30°) - \cos(\varPhi + 30°)] = U_L I_L \sin\varPhi$$

所以三相无功功率为

$$Q = \sqrt{3} U_L I_L \sin\varPhi = \sqrt{3}(P_2 - P_1)$$

一瓦表法

适用三线制对称负载,按线如图 3.9.3 所示

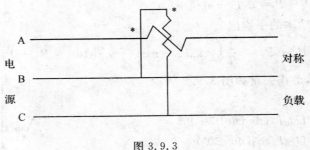

图 3.9.3

§3.9.3 实验任务

1. 用一瓦表法测量三相四线制不对称负载的三相有功功率。

2. 用二瓦表法测量三相三线制不对称负载的三相有功功率。

所测数据列表：

三相对称负载用灯泡组成，小对称负载可在各相用不同数量的灯泡

表一　一瓦表法测三相四线制不对称负载功率

读数　　　负载形式	A 相负载(灯泡功率 * 数量)	B 相负载(灯泡功率 * 数量)	C 相负载(灯泡功率 * 数量)	P_A	P_B	P_C	$P = P_A + P_B + P_C$
三相四线制不对称负载							

表二　二瓦表法测三相三线制不对称负载有功功率

（如实验中只有一只瓦特表则可分两次测量）

读数　　　负载形式	A 相负载(灯泡功率 * 数量)	B 相负载(灯泡功率 * 数量)	C 相负载(灯泡功率 * 数量)	P_1	P_2	$P = P_1 + P_2$

§3.9.4 实验步骤

自行拟定。

实验 3.10 三相鼠笼式异步电动机用接触器、继电器控制的直接启动及正反转运行

§3.10.1 实验目的

1. 熟悉按钮、交流接触器和热继电器的构造和各部件的作用。
2. 学习鼠笼式异步电动机直接启动及正反转的继电器、接触器控制电路的接线及操作。
3. 研究电动机运行时的保护。

§3.10.2 实验原理

用接触器和继电器来对中小功率鼠笼式电动机进行直接启动和正反转控制,在工农业生产上应用得十分广泛。

交流电动机接触器控制电路的主要设备是交流接触器,其主要构造为:

①电磁系统:铁芯、吸引线圈和短路环。

②触头系统:主触头和辅助触头,按其在未动作时的位置,分为常开触头和常闭触头两种类型。

③消弧系统:在切断大电流的接触器上装有消弧罩,以迅速切断电弧。

④接线端子,反作用弹簧及底座等。

接触器的触头只能用来接通或断开它额定电压和电流(或以下)的电路,否则在切断电路时会引起消弧困难,接通后若电流过大会使触头因接触电阻而引起过热。

常用接触器吸引线圈的工作电压为 220V 或 380V,使用时需要注意区别。

电压过高当然要烧坏线圈,电压过低时,会使铁心吸合不牢,会发生很大的噪声。

短路环用来磁通分相,使各磁通过零点的时间错开,保证了铁心间的吸引力在任何瞬间都不为零,且大于某值,从而使铁心吸合牢靠,避免震动,减小了噪声,当短路环有脱落或损坏时,交流电磁铁工作时会产生很大的噪声。

按钮是由人来操作的元件,在自动控制中用来发出指令,它的触头也有常开和常闭两种形式,为了使用方便,常常将由两个或更多个按钮组合制成按钮盒。

热继电器是利用它串联在主电路中的发热元什的热效应,当过载时引起双金属片的弯曲而使触头动作。热继电器的触头的功率很小,只能连接在控制电路中,由于热继电器是间接受热而动作,故热惯性大,它通常用来保护电动机在运行中不致过载。

本实验中所用三相交流电磁式接触器主要技术数据如下表:

型 号	吸引线圈额定电压	主触头额定电流	辅助触头额定电流	额定操作频率	主触头分断能力
CJ20-10	380V	10A(带灭弧罩)	10A(无灭弧罩)	1200 次/h	1000A

本实验中所用热继电器主要技术数据如下表：

型　号	热元件整定电流范围	额定工作电压	自动复位时间	手动复位时间
JR20-10L	0.23-0.29-0.35A	660V～	≤5min	≤2min
动 作 特 性（各相负载平衡）				
整定电流倍数	1.05	1.2	1.5	6
动作时间	2h 不动作	<2h	<2min	>2s

上述热继电器结构上包括整定电流调节凸轮、动作脱扣指示标志及复位按钮。

当主电路中电动机过载或断相时，热继电器主双金属片推动动作机构，断开常闭触头，切断主电路，从而保护了电动机，此时动作脱扣指示件弹出，显示热继电器已经动作。

热继电器动作后，经过冷却，按复位按钮使其手动复位，当复位按钮指示在自动复位时，热继电器可自行复位。

鼠笼式异步电动机单方向直接启动主要是使用一个交流接触器进行控制，在正反转控制时，需用调换电源任意两根接线来实现电动机的正反转控制，这样需要再增加一个接触器。电路中还利用辅助触头构成所谓自锁触头和联锁触头，自锁触头，如图 1 中与按钮 SBT 并联的常开触头 KM，用来保持电动机长期运行。联锁触头，如图 2 中与吸引线圈 KM$_1$（KM$_2$）串联的常闭触头 KM$_2$（KM$_1$），用来防止二个交流接触器同时吸合，以避免电源发生短路。

§3.10.3　预习思考题

1. 看懂电动机的单向启动、正反转控制电路，了解各触头及其他元件的作用。

2. 在电路中，如果缺少一个作自锁作用的触头，你能想法代替吗？画出这时的控制电路图，但需指出它存在的缺点。

3. 防止短路，在三相电路中各相必须串联熔断器 RD，而防止过载，可只在三相中的任意两相串联热继电器的发热元件 FR，为什么？

§3.10.4　实验内容

1. 单方向直接启动控制按图 3-10-1 接好主电路和控制电路。
①操作按钮 SBT 和 SBP，观察电动机启动和停止情况。
②切断电源，拆去控制电路中的自锁触头后，再接通电源操作按钮 SBT，启动电动机，观察电动机的点动工作情况。

2. 正反转直接启动控制
按图 3-10-2 接好主电路与控制电路。
①进行电动机的正反转启动和停止操作，在启动停止操作的过程中，观察电动机的旋转方向。
②着重分析各自锁及联锁触头的工作状态，从而体会自锁及联锁触头的作用。

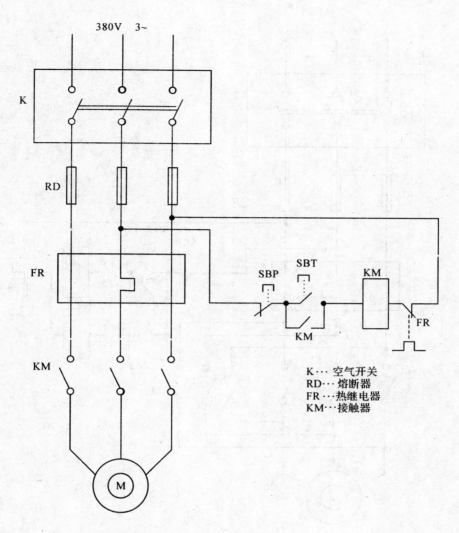

380V 3~

K ··· 空气开关
RD··· 熔断器
FR ··· 热继电器
KM··· 接触器

图 3-10-1

§3.10.5 实验总结

1. 讨论自锁触头和联锁触头的作用。

2. 主电路的短路、过载和失压三种保护功能是如何得到的，在实际运行中这三种保护功能有什么意义？

3. 主电路中保险丝、热继电器是否可以可采用任一种就能起到短路及过载保护作用。

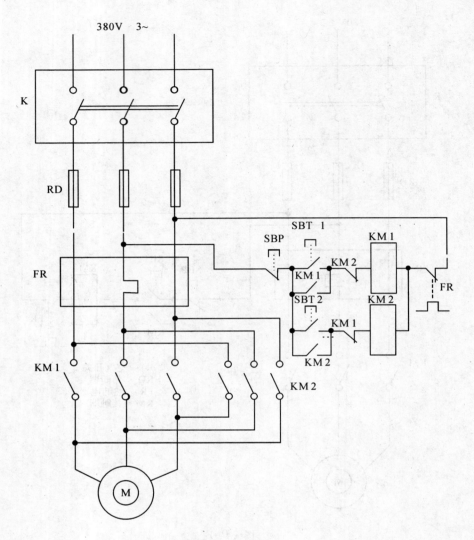

图 3-10-2

第四章 附 录

附录 4.1 部分常用电气图用图形符号及文字符号

——摘自《电气图用图形符号》国家标准 GB 4728、
《电气技术中的文字符号制订通则》国家标准 GB 7159—87

（注：表中带 ＊ 的双字母符号，是根据国家标准 GB 7159—87 中的"补充文字符号的原则"而补充的。）

1. 电压、电流、波形及接线元件

图　形　符　号	说　　　　明	文字符号
──	直流	DC
～ 50Hz	交流，50Hz	AC
～	低频（工频或亚音频）	
≈	中频（音频）	
≋	高频（超高频、载频或射频）	
≂	交直流	
＋	正极	
──	负极	

图 形 符 号	说　　明	文字符号
	按箭头方向单向旋转	
	双向旋转	
	往复运动	
	非电离的电磁辐射	
	电离辐射	
	正脉冲	
	负脉冲	
	交流脉冲	
	锯齿波	
	故障（用以表示假定故障位置）	
	击穿	
	屏蔽导线	
	同轴电缆、同轴对	
	端子	
	导线的连接	

续表

图 形 符 号	说　明	文字符号
	导线的交叉连接	
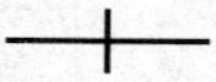	导线的不连接	
	插座(内孔)或插座的一个极	
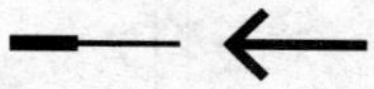	插头(凸头)或插头的一个极	
 或 	插头和插座(凸头和内孔)	X
	接地一般符号	E
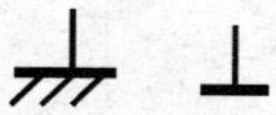	接机壳或接底板	
	等电位	

2. 电阻、电容、电感、变压器

图 形 符 号	说　明	文字符号
	电阻器一般符号	R
	可变(调)电阻器	R
	滑动触点电位器	RP
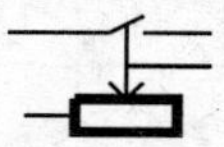	带开关滑动触点电位器	RP
	压敏电阻器(U可用V代替)	RV
	热敏电阻器(θ可用t°代替)	RT

图 形 符 号	说　　　明	文字符号
	磁敏电阻器	
	光敏电阻器	
	0.125W 电阻器	R
	0.25W 电阻器	R
	0.5W 电阻器	R
	1W 电阻器	R
	熔断电阻器	R
	滑线式变阻器	R
	两头固定抽头的电阻器	R
	加热元件	
	电容器一般符号	C
	穿心电容	C
	极性电容器	C
	可变(调)电容器	C
	微调电容器	C

续表

图 形 符 号	说　　　明	文字符号
	热敏极性电容器	C
	压敏极性电容器	C
	双联同调可变电容器	C
	差动可变电容器	C
	电感器、线圈、绕组、扼流圈	L
	带磁芯铁心的电感器	L
	磁芯有间隙的电感器	L
	带磁芯连续可调的电感器	L
	有两个抽头的电感器 （可增加或减少抽头数目）	L
	可变电感器	L
	双绕组变压器	T
	示出瞬时电压极性标记的双绕组变压器	T
	电流互感器 脉冲变压器	TA
	绕组间有屏蔽的双绕组单相变压器	T
	在一个绕组上有中心抽头的变压器	T

图 形 符 号	说 明	文字符号
	耦合可变的变压器	T
	单相自耦变压器	T
	可调压的单相自耦变压器	T

3. 天线、电池、指示灯、电声、晶体

图 形 符 号	说 明	文字符号
	天线一般符号	W
	环形(框形)天线	W
	磁棒天线(如铁氧体天线)	W
	偶极子天线	WD*
	折叠偶极子天线	WD*
	无线电台一般符号	
	原电池或蓄电池	GB
	原电池组或蓄电池组	GB
	灯或信号灯一般符号	H
	闪光型信号灯	HL
	电铃	HA

图 形 符 号	说　　明	文字符号
	电警笛、报警器	HA
	蜂鸣器	HA
	传声器(话筒)一般符号	BM*
	扬声器一般符号	BL*
	扬声—传声器	B
	唱片式立体声唱头	B
	单音光敏播放头	B
	单声道录放磁头	B
	单声道录音磁头	B
	消磁磁头	B
	双声道录放磁头	B
	具有两个电极的压电晶体	B
	具有三个电极的压电晶体	B

4. 半导体管

图 形 符 号	说　　　明	文字符号
	半导体二极管一般符号	VD*
	温度效应二极管（θ可用 t°代替）	VD*
	变容二极管	VD*
	单向击穿二极管（稳压管）	VD*
	隧道二极管	VD*
	双向击穿二极管	VD*
	反向阻断三极晶体闸流管（N 型控制极、阳极侧受控）	VS*
	反向阻断三极晶体闸流管（P 型控制极、阴极侧受控）	VS*
	光控晶体闸流管	VS*
	三端双向晶体闸流管	VS*
	光电二极管	VD*
	发光二极管一般符号	VD*
	光电半导体管（PNP 型）	V
	磁敏二极管	VD*
	PNP、NPN 型半导体管	V
	NPN 型半导体管、集电极接外壳	V
	热电偶（示出极性符号）	B
	具有 P 型基极单结半导体管	V

续表

图 形 符 号	说 明	文字符号
	具有 N 型基极单结半导体管	V
栅 源 漏	N 型沟道结型场效应半导体管（P 型箭头相反）	V
	耗尽型、单栅、N 沟道和衬底无引出线的绝缘栅场效应半导体管（P 沟道箭头方向相反）	V
	耗尽型、双栅、N 沟道和衬底有引出线的绝缘栅场效应半导体管	V
	增强型、单栅、N 沟道和衬底无引出线的绝缘栅场效应半导体管（P 沟道箭头方向相反）	V

5. 放大器、整流器、调制器、振荡器、耦合器

图 形 符 号	说 明	文字符号
	放大器一般符号	A
a_1 $\begin{array}{cc} f & m \\ W_1 & m_1 \\ \vdots & \vdots \\ W_n & m_k \end{array}$ u_1 a_n u_k	运算放大器一般符号	N
	整流器	UR*
	桥式全波整流器	UR*
	逆变器	UN*
	整流器/逆变器	U
f	调频器、鉴频器	U

图　形　符　号	说　　　明	文字符号
	调相器、鉴相器	U
	调制器、解调器或鉴别器一般符号	U
	调幅器、解调器	U
	检波器	
	振荡器一般符号	G
	音频振荡器	G
	超音频、载频、射频振荡器	G
	多谐振荡器	G
	音叉振荡器	G
	压控振荡器	G
	晶体振荡器	G
	达林顿型光耦合器	
	光电二极管型光耦合器	
	光耦合器　光隔离器 （示出发光二极管和光电半导体管）	
	光电三极管型光耦合器	
	集成电路光耦合器	

6. 数字电路

图 形 符 号	说 明	文字符号
#/∩	数-模转换器一般符号	N
∩/#	模-数转换器一般符号	N
Σ	加法器,通用符号	D
P－Q	减法器,通用符号	D
π	乘法器,通用符号	D
≥1	"或"单元(或门)通用符号	D
&	"与"单元(与门)通用符号	D
1	非门 反相器	D
&	3 输入与非门	D
≥1	3 输入或非门	D
=1	异或单元	D
R S	RS 触发器 RS 锁存器	D
ROM*	只读存储器	D

7. 电机、滤波器、仪表、熔断器、开关

图 形 符 号	说 明	文字符号
(∗)	电机一般符号,符号内星号必须用下述字母来代替:G 发电机,M 电动机,MS 同步电动机,SM 伺服电动机,GS 同步发电机	G
—[∼]—	滤波器一般符号	Z
—[≈]—	高通滤波器	Z
—[≈]—	低通滤波器	Z
—[≋]—	带通滤波器	Z
—[≈]—	带阻滤波器	Z
—[／]—	高频预加重装置	
—[／]—	高频去加重装置	
—[／]—	压缩器	Z
—[／]—	扩展器	Z
—◇—	均衡器	Z
—[dB]—	可变衰减器	
(V)	电压表	PV
(∿)	示波器	P

续表

图　形　符　号	说　　明	文字符号
↑	检流计	P
θ	温度计、高温计	P
n	转速表	P
▭	熔断器一般符号	PU
◄	避雷器	F
手动开关	手动开关的一般符号	S
按钮开关	按钮开关(不闭锁)	SB
拉拔开关	拉拔开关(不闭锁)	S
旋钮开关	旋钮开关、旋转开关(闭锁)	S
继电器	继电器一般符号	K

附录 4.2 部分新旧电气图形符号对照

1. 开关、控制和保护装置、电阻、电容

新符号（GB4728）		旧符号（GB312）	
名　称	图形符号	名　称	图形符号
动合触点（本符号可作开关一般符号）		开关的动合触点	
		继电器的动合触点	
动断触点		开关的动断触点	
		继电器的动断触点	
先断后合的转换触点		开关的切换触点	
		继电器的切换触点	
中间断开的双向触点		单极转换开关	
有弹性返回的动合触点		——	
有弹性返回的动断触点		——	
动合按钮开关		带动合触点的按钮	
动断按钮开关		带动断触点的按钮	
手动开关的一般符号		——	
热敏电阻器	θ	直热式热敏电阻	
极性电容器	优选型　其他型	有极性的电解电容	

2. 半导体管

新符号（GB4728）		旧符号（GB312）	
名　称	图形符号	名　称	图形符号
半导体二极管一般符号		半导体二极管、半导体整流管	
发光二极管		发光二极管	
变容二极管		变容二极管	
单向击穿二极管、电压调整二极管		稳压二极管	
光电二极管		光电二极管	
光电池		光电池	
光敏电阻		光敏电阻	
反向阻断三极晶体闸流管		半导体可控硅	
双向晶体闸流管		双向可控硅	
具有 N 型基极单结型半导体管		双基极二极管	
N 沟道结型场效应半导体管		—	
PNP 型半导体管		p-n-p 型半导体管	
NPN 型半导体管		p-n-p 型半导体管	
发光数码管		—	

附录 4.3　部分常用电子元件参考资料

二、常用电子元器件型号命名法及主要技术指标

1. 电阻器和电位器的型号命名法见表 4.3.1

表 4.3.1

第1部分：主称		第2部分：材料		第3部分：特征分类			第4部分：序号
符号	意义	符号	意义	符号	意义		
					电阻器	电位器	
R	电阻器	T	碳膜	1	普通	普通	
W	电位器	H	合成膜	2	普通	普通	
		S	有机实芯	3	超高频	—	
		N	无机实芯	4	高阻	—	
		J	金属膜	5	高温	—	
		Y	氧化膜	6	—	—	对主称、材料相同，仅性能指标、尺寸大小有差别，但基本不影响互换使用的产品，给予同一序号；若性能指标、尺寸大小明显影响互换使用时，则在序号后面用大写字母作为区别代号。
		C	沉积膜	7	精密	精密	
		I	玻璃釉膜	8	高压	特殊函数	
		P	硼碳膜	9	特殊	特殊	
		U	硅碳膜	G	高功率	—	
		X	线绕	T	可调	—	
		M	压敏	W	—	微调	
		G	光敏	D	—	多圈	
		R	热敏	B	温度补偿用	—	
				C	温度测量用	—	
				P	旁热式	—	
				W	稳压式	—	
				Z	正温度系数		

2. 电阻器的主要技术指标

（1）额定功率。电阻器在电路中长时间连续工作不损坏，或不显著改变其性能所允许消耗的最大功率称为电阻器的额定功率。电阻器的额定功率并不是电阻在电路中工作时一定要消耗的功率，而是电阻器在电路工作中所允许消耗的最大功率。不同类型的电阻器具有不同系列的额定功率，如表 4.3.2 所示。

表 4.3.2

名　称	额定功率（W）					
实芯电阻器	0.25	0.5	1	2	5	—
线绕电阻器	0.5 25	1 35	2 50	6 75	10 100	15 150
薄膜电阻器	0.025 2	0.05 5	0.125 10	0.25 25	0.5 50	1 100

（2）标称阻值。阻值是电阻器的主要参数之一，不同类型的电阻器，阻值范围不同，不同精度的电阻器其阻值系列亦不同。根据国家标准，常用的标称电阻值系列如表 4.3.3 所示。E24、E12 和 E6 系列也适用于电位器和电容器。

表 4.3.3

标称值系列	精度	电阻器（R）、电位器（R）、电容器（PF）标称值							
E24	±5%	1.0	1.1	1.2	1.3	1.5	1.6	1.8	2.0
		2.2	2.4	2.7	3.0	3.3	3.6	3.9	4.3
		4.7	5.1	5.6	6.2	6.8	7.5	8.2	9.1
E12	±10%	1.0	1.2	1.5	1.8	2.2	2.7	—	—
		3.3	3.9	4.7	5.6	6.8	8.2	—	—
E6	±20%	1.0	1.5	2.2	3.3	4.7	6.8	8.2	—

注：表中数值再乘以 10^n（其中 n 为整数），即为某一具体电阻器阻值。

（3）允许误差等级见表 4.3.4。

表 4.3.4

允许误差（%）	±0.001	±0.002	±0.005	±0.01	±0.02	±0.05	±0.1
等级符号	E	X	Y	H	U	W	B
允许误差（%）	±0.2	±0.5	±1	±2	±5	±10	±20
等级符号	C	D	F	G	J（Ⅰ）	K（Ⅱ）	M（Ⅲ）

3. 电阻器的标志内容及方法

（1）文字符号直标法：用阿拉伯数字和文字符号两者有规律地组合来表示标称阻值、额定功率、允许误差等级等。符号前面的数字表示整数阻值，后面的数字依次表示第一位小数阻值和第二位小数阻值，其文字符号所表示的单位如表 4.3.5 所示。如 1R5 表示 1.5Ω，2K7 表示 $2.7k\Omega$。

表 4.3.5

文字符号	R	K	M	G	T
表示单位	欧姆（Ω）	千欧姆（$10^3\Omega$）	兆欧姆（$10^6\Omega$）	吉咖欧姆（$10^9\Omega$）	太拉欧姆（$10^{12}\Omega$）

（2）色标法：色标法是将电阻器的类别及主要技术参数的数值用颜色（色环或色点）标注在它的外表面上。色标电阻（色环电阻）可分为三环、四环、五环三种标法。三环不标出误差，均为 20%；四环、五环其含义如表4.3.6和表4.3.7所示。

表 4.3.6

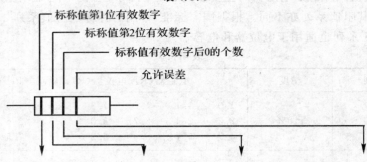

颜色	第 1 位有效值	第 2 位有效值	倍率	允许误差
黑	0	0	10^0	
棕	1	1	10^1	
红	2	2	10^2	
橙	3	3	10^3	
黄	4	4	10^4	
绿	5	5	10^5	
蓝	6	6	10^6	
紫	7	7	10^7	
灰	8	8	10^8	
白	9	9	10^9	$-20\%\sim+50\%$
金			10^{-1}	$\pm5\%$
银			10^{-2}	$\pm10\%$
无色				$\pm20\%$

　　三色环电阻器的色环,表示标称电阻值(允许误差均为$\pm20\%$)。例如,色环为:棕,黑,红,表示 $10\times10^2=1.0k\Omega\pm20\%$ 的电阻。

　　四色环电阻器的色环,表示标称值(2 位有效数字)及精度。例如,色环为:棕,绿,橙,金,表示 $15\times10^3=15k\Omega\pm5\%$ 的电阻。

　　五色环电阻器的色环,表示标称值(3 位有效数字)及精度。例如,色环为:红,紫,绿,黄,棕,表示 $275\times10^4=2.75M\Omega\pm1\%$ 的电阻。

　　一般四色环和五色环电阻器表示允许误差的色环的特点是该环离其他环的距离较远。较标准的表示应是表示允许误差的色环的宽度是其他色环的$(1.5\sim2)$倍。

　　有些色环电阻由于厂家生产不规范,无法用上面的特征判断,这时只能借助万用表判断。

表 4.3.7

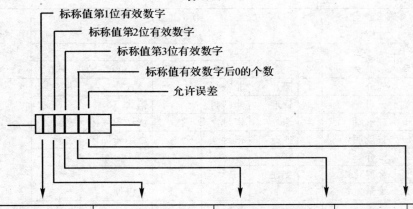

颜色	第 1 位有效值	第 2 位有效值	第 3 位有效值	倍率	允许误差
黑	0	0	0	10^0	
棕	1	1	1	10^1	$\pm 1\%$
红	2	2	2	10^2	$\pm 2\%$
橙	3	3	3	10^3	
黄	4	4	4	10^4	
绿	5	5	5	10^5	$\pm 0.5\%$
蓝	6	6	6	10^6	$\pm 0.25\%$
紫	7	7	7	10^7	$\pm 0.1\%$
灰	8	8	8	10^8	
白	9	9	9	10^9	
金				10^{-1}	
银				10^{-2}	

4. 电位器的主要技术指标

(1)额定功率。电位器的两个固定端上允许耗散的最大功率为电位器的额定功率。使用中应注意额定功率不等于中心抽头与固定端的功率。

(2)标称阻值。标在产品上的名义阻值,其系列与电阻的系列类似。

(3)允许误差等级。实测阻值与标称阻值误差范围根据不同精度等级可允许$\pm 20\%$、$\pm 10\%$、$\pm 5\%$、$\pm 2\%$、$\pm 1\%$的误差。精密电位器的精度可达$\pm 0.1\%$。

(4)阻值变化规律。指阻值随滑动片触点旋转角度(或滑动行程)之间的变化关系,这种变化关系可以是任何函数形式,常用的有直线式、对数式和反转对数式(指数式)。在使用中,直线式电位器适合于作分压器;反转对数式(指数式)电位器适合于作收音机、录音机、电唱机、电视机中的音量控制器。维修时若找不到同类品,可用直线式代替,但不宜用对数式代替。对数式电位器只适合于作音调控制等。

5. 电容器

(1)电容器型号命名法见表 4.3.8。

表 4.3.8

第1部分：主称		第2部分：材料		第3部分：特征、分类						第4部分：序号
符号	意义	符号	意义	符号	意义					
					瓷介	云母	玻璃	电解	其他	
C	电容器	C	瓷介	1	圆片	非密封	—	箔式	非密封	对主称、材料相同，仅性能指标、尺寸大小有差别，但基本不影响互换使用的产品，给予同一序号；若性能指标、尺寸大小明显影响互换使用时，则在序号后面用大写字母作为区别代号。
		Y	云母	2	管形	非密封	—	箔式	非密封	
		I	玻璃釉	3	迭片	密封	—	烧结粉固体	密封	
		O	玻璃膜	4	独石	密封	—	烧结粉固体	密封	
		Z	纸介	5	穿心	—	—	—	穿心	
		J	金属化纸	6	支柱	—	—	—	—	
		B	聚苯乙烯	7	—	—	—	无极性	—	
		L	涤纶	8	高压	高压	—	—	高压	
		Q	漆膜	9	—	—	—	特殊	特殊	
		S	聚碳酸脂	J	金属膜					
		H	复合介质	W	微调					
		D	铝							
		A	钽							
		N	铌							
		G	合金							
		T	钛							
		E	其他							

(2)电容器的主要技术指标

1)电容器的耐压：常用固定式电容的直流工作电压系列为：6.3V、10V、25V、40V、63V、100V、160V、250V、400V、630V、1000V、…、2000V 等。

2)电容器容许误差等级：常见的有 7 个等级，如表 4.3.9 所示。

表 4.3.9

容许误差	±2%	±5%	±10%	±20%	+20% −30%	+50% −20%	+100% −10%
级别	0.2	Ⅰ	Ⅱ	Ⅲ	Ⅳ	Ⅴ	Ⅵ

3)标称电容量如表 4.3.10 所示。

表 4.3.10

系列代号	E24	E12	E6
容许误差	±5％（Ⅰ）或（J）	±10％（Ⅱ）或（K）	±20％（Ⅲ）或（M）
标称容量对应值	10、11、12、13、15、16、18、20、22、24、27、30、33、36、39、43、47、51、56、62、68、75、82、90	10、12、15、18、22、27、33、39、47、56、68、82	10、15、22、33、47、68

注：标称电容量为表中数值或表中数值再乘以 10^n，其中 n 为整数，单位为 pf。

（3）电容器的标志方法

1）直标法。容量单位：F（法拉）、μF（微法）、nF（纳法）、pF（皮法）。

1 法拉＝10^6 微法＝10^{12} 皮法，1 微法＝10^3 纳法＝10^6 皮法，1 纳法＝10^3 皮法。

例如：4n7 表示 4.7nF 或 4700pF，0.22 表示 0.22μF，51 表示 51pF。

有时用大于 1 的两位以上的数字表示单位为 pF 的电容，例如 101 表示 100pF；小于 1 的数字表示单位为 μF 的电容，例如 0.1 表示 0.1μF。

2）数码表示法。一般用 3 位数字来表示容量的大小，单位为 pF。前两位为有效数字，后一位表示倍率，即乘以 10^n，n 为第三位数字，若第三位数字是 9，则乘 10^{-1}。如 223J 代表 22×10^3pF＝22000pF＝0.22μF，允许误差为 ±5％；又如 479K 代表 47×10^{-1}pF，允许误差为 ±5％ 的电容。这种表示方法最为常见。

3）色码表示法。这种表示法与电阻器的色环表示法类似，颜色涂于电容器的一端或从顶端向引线排列。色码一般只有 3 种颜色，前两环为有效数字，第 3 环为倍率，单位为 pF。有时色环较宽，如红，红，橙，两个红色环涂成一个宽的，表示 22000pF。

6. 电感器

（1）电感器的分类

常用的电感器有固定电感器、微调电感器、色码电感器等。变压器、阻流圈、振荡线圈、偏转线圈、天线线圈、中周、继电器以及延迟线和磁头等，都属电感器种类。

（2）电感器的主要技术指标

1）电感：在没有非线性导磁物质存在的条件下，一个载流线圈的磁通量与线圈中的电流之比，称为自感，用 L 表示，自感与互感统称为电感。即：

$$L=\frac{\Phi}{I} \tag{3.3.1}$$

式中，Φ 为磁通量，I 为电流。

2）固有电容：线圈各层、各匝之间，绕组与底板之间都存在着分布电容，统称为电感器的固有电容。

3）品质因数：电感线圈的品质因数定义为：

$$Q=\frac{\omega L}{R} \tag{3.3.2}$$

式中，ω 为工作角频率，L 为线圈电感，R 为线圈的总损耗电阻。

4）额定电流：线圈中允许通过的最大电流。

5）线圈的损耗电阻：线圈的直流损耗电阻。

（3）电感器电感量的标志方法

1）直标法。单位 H（亨利）、mH（毫亨）、μH（微亨）。

2）数码表示法。与电容器的表示方法相同。

3）色码表示法。这种表示法也与电阻器的色标法相似，色码一般有 4 种颜色，两种颜色为有效数字，第 3 种颜色为倍率，单位为 μH，第 4 种颜色是误差位。

（4）色码电感器的电感量识别举例

使用颜色环带（或色点）表示电感线圈性能的小型电感，称为色码电感。以数字符号直接表示其性能的，称小型固定电感。它们主要用作高频滤波电感、回路电感等。由于小型固定电感与色码电感的体积、功能都很类似，所以也把小型固定电感叫做色码电感。

色码电感以铁氧体磁芯为基体，外表进行涂覆，适用频率一般在 10kHz～200MHz，它的工作电流可分为 50mA、150mA、300mA、700mA、1.6A 等挡位。结构有卧式和立式两种。图 4.3.1 中，左图为卧式，右图为立式。用色点作标记的色码电感与色环电阻标示的含义相同，只是基本计量单位为微亨（μH）。常见用色点标记的色码电感有两种：一种为图 4.3.1 所示，与色环电阻标示方法相同；另一种见图 4.3.2，它与色环电阻标示顺序不同，应特别注意。图 4.3.1 列举了几种色码电感标示情况供读者参考。

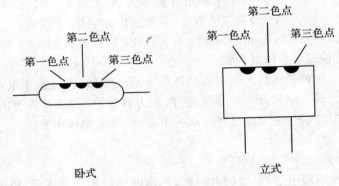

卧式　　　　　　　　　　立式

图 4.3.1

注：图 4.3.1 中色码电感色点含义读法从左到右，第一、二色点为有效数字，其颜色含义和色码电阻相同，即：黑、棕、红、橙、黄、绿、蓝、紫、灰、白，分别代表：0、1、2、3、4、5、6、7、8、9；第三色点为 $\times 10^n$，其中 n 数字（颜色）含义同上述颜色含义相同。

注：图 4.3.2 中圆形色码电感读法有如下规律：背上两点色点从右到左读出有效数字，其颜色含义和色码电阻相同，即：黑、棕、红、橙、黄、绿、蓝、紫、灰、白，分别代表：0、1、2、3、4、5、6、7、8、9；左侧色点为 $\times 10^n$，其中 n 数字（颜色）含义同上，金色为 $\times 10^{-1}$；右侧色点为误差等级，金为 ±5%、银为 ±10%、无色为 ±20%；单位均为 μH（图中以 uH 代表 μH。5%、10%、20% 代表 ±5%、±10%、±20%）

7. 半导体分立器件

（1）半导体分立器件的命名方法

我国半导体分立器件的命名法见表 4.3.11。

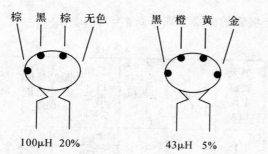

棕 黑 棕 无色   黑 橙 黄 金

100μH 20%   43μH 5%

      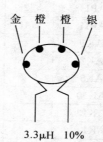

金 红 灰 无色   黑 绿 棕 金   金 橙 橙 银

8.2μH 20%   15μH 5%   3.3μH 10%

图 4.3.2

表 4.3.11

第 1 部分		第 2 部分		第 3 部分				第 4 部分	第 5 部分
用数字表示器件电极的数目		用汉语拼音字母表示器件的材料和极性		用汉语拼音字母表示器件的类型				用数字表示器件的序号	用汉语拼音表示规格的区别代号
符号	意义	符号	意义	符号	意义	符号	意义		
2	二极管	A	N 型,锗材料	P	普通管	D	低频大功率管 $(f_a < 3HZ、P_c \geqslant 1W)$		
		B	P 型,锗材料	V	微波管				
		C	N 型,硅材料	W	稳压管				
		D	P 型,硅材料	C	参量管				
				Z	整流管	A	高频大功率管 $(f_a \leqslant 3MHZ、P_c \geqslant 1W)$		
	三极管	A	PNP 型,锗材料	L	整流堆				
		B	NPN 型,锗材料	S	隧道管				
		C	PNP 型,硅材料	N	阻尼管	T	半导体闸流器 (可控硅整流器)		
		D	NPN 型,硅材料	U	光电器件	Y	体效应器件		
		E	化合物材料	K	开关管	B	雪崩管		
				X	低频小功率管 $(f_a < 3MHz、P_c < 1W)$	J	阶跃恢复管		
						CS	场效应器件		
						BT	半导体特殊器件		
				G	高频小功率管 $(f_a \geqslant 3MHZ、P_c < 1W)$	FH	复合管		
						PIN	PIN 型管		
						JG	激光器件		

（2）常用半导体二极管的主要参数见表 4.3.12。

表 4.3.12

类型	型号	最大整流电流（MA）	正向电流（MA）	正向压降（在左栏电流值下）（V）	反向击穿电压（V）	最高反向工作电压（V）	反向电流（MA）	零偏压电容（PF）	反向恢复时间（Ns）
普通检波二极管	2AP9	≤16	≥2.5	≤1	≥40	20	≤250	≤1	f_H（MHz） 150
	2AP7		≥5		≥150	100			
	2AP11	≤25	≥10	≤1		≤10	≤250	≤1	f_H（MHz） 40
	2AP17	≤15	≥10			≤100			
锗开关二极管	2AK1		≥150	≤1	30	10		≤3	≤200
	2AK2				40	20			
	2AK5		≥200	≤0.9	60	40		≤2	≤150
	2AK10		≥10	≤1	70	50			
	2AK13		≥250	≤0.7	60	40		≤2	≤150
	2AK14				70	50			
硅开关二极管	2CK70A～E		≥10	≤0.8				≤1.5	≤3
	2CK71A～E		≥20		A≥30	A≥20			≤4
	2CK72A～E		≥30		B≥45	B≥30			
	2CK73A～E		≥50	≤1	C≥60	C≥40		≤1	≤5
	2CK74A～D		≥100		D≥75	D≥50			
	2CK75A～D		≥150		E≥90	E≥60			
	2CK76A～D		≥200						
整流二极管	2CZ52B～H	2	0.1	≤1		25～600			同2AP
	2CZ53B～M	6	0.3	≤1		50～1000			
	2CZ54B～M	10	0.5	≤1		50～1000			
	2CZ55B～M	20	1	≤1		50～1000			
	2CZ56B～M	65	3	≤0.8		20～1000			
	1N4001～4007	30	1	1.1		50～1000	5		
	1N5391～5399	50	1.5	1.4		50～1000	10		
	1N5400～5408	200	3	1.2		50～1000	10		

（3）3DG6 型 NPN 型硅高频小功率三极管参数见表 4.3.13。

表 4.3.13

原型号	3DG6				测试条件
新型号	3DG100A	3DG100B	3DG100C	3DG100D	
极限参数 P_{CM}(mW)	100	100	100	100	
I_{CM}(mA)	20	20	20	20	
$BV_{CBO(V)}$	≥30	≥40	≥30	≥40	$I_e=100\mu A$
BV_{CEO}(V)	≥20	≥30	≥20	≥30	$I_c=100\mu A$
BV_{EBO}(V)	≥4	≥4	≥4	≥4	$I_E=100\mu A$
直流参数 $I_{CBO}(\mu A)$	≤0.01	≤0.01	≤0.01	≤0.01	$V_{EB}=10V$
$I_{CEO}(\mu A)$	≤0.1	≤0.1	≤0.1	≤0.1	$V_{CE}=10V$
$I_{EBO}(\mu A)$	≤0.01	≤0.01	≤0.01	≤0.01	$V_{EB}=1.5V$
V_{BES}(V)	≤1	≤1	≤1	≤1	$I_c=10mA \quad I_B=1mA$
V_{CES}(V)	≤1	≤1	≤1	≤1	$I_c=10mA \quad I_B=1mA$
h_{FE}	≥30	≥30	≥30	≥30	$V_{CE}=10V \quad I_c=3mA$
交流参数 f_T(MHz)	≥150	≥150	≥300	≥300	$V_{CE}=10V \quad I_E=3mA \quad f=100MHz$ $R_L=5\Omega$
K_p(dB)	≥7	≥7	≥7	≥7	$V_{CE}=-6V \quad I_E=3mA \quad f=100MHz$
C_{ob}(pF)	≤4	≤4	≤4	≤4	$V_{CE}=10V \quad I_E=0$

h_{FE} 色标分挡　　　（红）30～60；　（绿）50～110；　（蓝）90～160；　（白）＞150

管脚底视图

（4）9011～9018 及 8050、8550 塑封硅三极管参数见表 4.3.14。

表 4.3.14

型号	(3DG) 9011	(3CX) 9012	(3DX) 9013	(3DG) 9014	(3CG) 9015	(3DG) 9016	(3DG) 9017	(3DG) 9018	(3DX) 8050	(3CX) 8550
极限参数 P_{CM}(mW)	300	600	400	300	300	300	300	300	1000	1000
I_{CM}(mA)	100	500	500	100	100	25	100	100	1500	1500
BV_{CBO}(V)	18	25	25	18	18	20	12	12	25	25
$I_{CEO}(\mu A)$	0.05	0.5	0.5	0.05	0.05	0.05	0.05	0.05		
V_{BES}(V)	0.5	0.5	0.5	0.5	0.5	0.5	0.35	0.5		
$h_{FE}(\beta)$	30	60	60	60	60	30	30	30	85	85
交流参数 f_T(MHz)	150	150	150	150	50	500	600	700	100	100
C_{ob}(pF)	3.5			2.5	6		2			
类型	NPN	PNP	NPN	NPN	PNP	NPN	NPN	NPN	NPN	PNP

c　b　e　管脚底视图

附录4.4 补充部分常用二极管参考资料

1. 常用整流二极管

型　号	反向峰值工作电压 U_{RM}(V)	额定正向整流电流 I_F(A)	正向不重复浪涌峰值电流 I_{FSM}(A)	正向压降 U_F(V)	反向电流 I_R(μA)	工作频率 f(kHz)
1N4000	25	1	30	≤1	<5	3
1N4001	50	1	30	≤1	<5	3
1N4002	100	1	30	≤1	<5	3
1N4003	200	1	30	≤1	<5	3
1N4004	400	1	30	≤1	<5	3
1N4005	600	1	30	≤1	<5	3
1N4006	800	1	30	≤1	<5	3
1N4007	1000	1	30	≤1	<5	3
1N5400	50	3	150	≤0.8	<10	3
1N5401	100	3	150	≤0.8	<10	3
1N5402	200	3	150	≤0.8	<10	3
1N5403	300	3	150	≤0.8	<10	3
1N5404	400	3	150	≤0.8	<10	3
1N5405	500	3	150	≤0.8	<10	3
1N5406	600	3	150	≤0.8	<10	3
1N5407	800	3	150	≤0.8	<10	3
1N5408	1000	3	150	≤0.8	<10	3

2. 常用稳压二极管

型　号	稳压范围 (V)	标称稳定电压 U_Z(V)	稳定电流 I_Z(mA)	动态电阻 R_Z(Ω)	耗散功率 P_Z(W)
1N748	3.5～4.3	3.9	115	23	0.5
1N749	3.9～4.7	4.3	105	22	0.5
1N750	4.2～5.2	4.7	95	19	0.5
1N751	4.6～5.6	5.1	85	17	0.5
1N752	5.0～6.2	5.6	80	11	0.5
1N753	5.6～6.8	6.2	70	7	0.5
1N754	6.1～7.5	6.8	65	5	0.5
1N958	6.0～9.0	7.5	55	5.5	0.5
1N959	6.6～9.8	8.2	50	6.5	0.5
1N960	7.3～11.0	9.1	40	7.5	0.5
1N961	8.0～12.0	10	41	8.5	0.5
1N962	8.8～13.2	11	37	9.5	0.5
1N963	9.6～14.4	12	34	11.5	0.5
1N964	10.4～15.6	13	32	13	0.5

型　号	稳压范围 (V)	标称稳定电压 $U_Z(V)$	稳定电流 $I_Z(mA)$	动态电阻 $R_Z(\Omega)$	耗散功率 $P_Z(W)$
1N965	12.0～18.0	15	27	16	0.5
1N966	12.8～19.2	16	25	17	0.5

型　号	稳定电压 $U_Z(V)$	动态电阻 $R_Z(\Omega)$	温度系数 $C_{TV}(10^{-4}/℃)$	工作电流* $I_Z(mA)$	额定功率 $P_Z(W)$
1N4728	3～3.6	10		76	1
1N4729	3.2～4	10		69	1
1N4730	3.5～4.3	9		64	1
1N4731	3.9～4.7	9		58	1
1N4732	4.2～5.2	8		53	1
1N4733	4.6～5.6	7		49	1
1N4734	4.2～5.2	8		53	1
1N4735	5～6.2	5		45	1
1N4736	6.1～7.5	3.5		37	1
1N4737	6.8～8.3	4		34	1
1N4738	7.4～9	4.5		31	1
1N4739	8.2～10	5		28	1
1N4740	9～11	7		25	1
1N4741	9.9～12.1	8.1		22	1
1N5913B	3.1～3.5	10		113	1.5
1N5914B	3.4～3.8	9		104	1.5
1N5915B	3.7～4.1	7.5		96	1.5
1N5916B	4～4.5	6		87	1.5
1N5917B	4.4～4.9	5		79	1.5
1N5918B	4.8～5.4	4		73	1.5
1N5919B	5.3～6	2		66	1.5
1N5920B	5.8～6.6	2		60	1.5
1N5921B	6.4～7.2	2.5		55	1.5
1N5922B	7～7.9	3		50	1.5
1N5923B	7.7～8.7	3.5		45	1.5
1N5924B	8.5～9.6	4		41	1.5
1N5925B	9.4～10.6	4.5		37	1.5
1N5926B	10.4～11.6	5.5		34	1.5
1N5927B	11.4～12.6	6.5		31	1.5
2CW50	1.0～2.8	50	≥-9	10	0.25
2CW51	2.5～3.5	60	≥-9	10	0.25
2CW52	3.2～4.5	70	≥-8	10	0.25
2CW53	4.0～5.8	50	-6～4	10	0.25
2CW54	5.5～6.5	30	-3～5	10	0.25
2CW55	6.2～7.5	15	≤6	10	0.25
2CW56	7.0～8.8	15	≤7	5	0.25

型 号	稳定电压	动态电阻	温度系数	工作电流*	额定功率
	$U_Z(V)$	$R_Z(\Omega)$	$C_{TV}(10^{-4}/℃)$	$I_Z(mA)$	$P_Z(W)$
2CW57	8.5~9.5	20	≤8	5	0.25
2CW58	9.2~10.5	25	≤8	5	0.25
2CW59	10~11.8	30	≤9	5	0.25
2CW60	11.5~12.5	40	≤9	5	0.25
2CW61	12.4~14	50	≤9.5	3	0.25
2CW62	13.5~17	60	≤9.5	3	0.25
2CW63	16~19	70	≤9.5	3	0.25
2CW64	18~21	75	≤10	3	0.25
2CW65	20~24	80	≤10	3	0.25
2DW230 (2DW7A)	5.8~6.6	≤25	≤|0.05|	10	0.2
2DW231 (2DW7B)	5.8~6.6	≤15	≤|0.05|	10	0.2
2DW232 (2DW7C)	6.0~6.5	≤10	≤|0.05|	10	0.2

3. 常用进口高速开关二极管

型 号	反向峰值工作电压	正向重复峰值电流	正向压降	额定功率	反向恢复时间
	$U_{RM}(V)$	$I_{FRM}(mA)$	$U_F(V)I$	$P(mW)$	$T_{rr}(nS)$
1N4148/1N914	60	450	≤1	500	4
1N4149/1N916	60	450	≤1	500	4

附录 4.5　Multisim 7 中的元件库和元器件

电子仿真软件 Multisim 7 的元件库中把元件分门别类的分成 13 个族,每个族中又有许多种具体的元器件,为便于读者在创建仿真电路时寻找元器件,现将电子仿真软件 Multisim 7 的元件库和元器件中文译意整理如下,供读者参考。

电子仿真软件 Multisim 7 的元件工具条如图 4.5.1 所示。

图 4.5.1

从左到右分别是:电源库(Source)、基本元件库(Basic)、二极管库(Diode)、晶体管库(Transistor)、模拟元件库(Analog)、TTL 元件库(TTL)、CMOS 元件库(CMOS)、数字元件库(Miscellaneous Digital)、混合元件库(Mixed)、指示元件库(1ndicator)、其他元件库(Miscellaneous)、射频元件库(RP)和机电类元件库(Electromechanical)。

1. 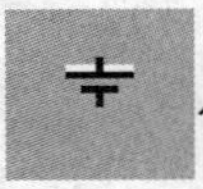 ÷ 点击电源库按钮(Source),弹出窗口中的元器件系列如图 4.5.2 所示。

电源	POWER_SOURCES
信号电压源	SIGNAL_VOLTAG...
信号电流源	SIGNAL_CURREN...
控制函数器件	CONTROL_FUNCT...
电压控源	CONTROLLED_VO...
电流控源	CONTROLLED_CU...

图 4.5.2

(1)电源(POWER_SOURCES)中内容如图 4.5.3 所示:

交流电源	AC_POWER
直流电源	DC_POWER
数字地	DGND
地线	GROUND
星形三相电源	THREE_PHASE_DELTA
三角形三相电源	THREE_PHASE_WYE
TTL 电源	VCC
CMOS 电源	VDD
TTL 地端	VEE
CMOS 地端	VSS

图 4.5.3

193

（2）信号电压源（SIGNAL_VOLTAGE_SOURCES）中内容如图 4.5.4 所示：

交流信号电压源	AC_VOLTAGE
调幅信号电压源	AM_VOLTAGE
时钟信号电压源	CLOCK_VOLTAGE
指数信号电压源	EXPONENTIAL_VOLTAGE
调频信号电压源	FM_VOLTAGE
线性信号电压源	PIECEWISE_LINEAR_VOL
脉冲信号电压源	PULSE_VOLTAGE
噪声信号源	WHITE_NOISE

图 4.5.4

（3）信号电流源（SIGNAL_CURRENT_SOURCES）中内容如图 4.5.5 所示：

交流信号电流源	AC_CURRENT
时钟信号电流源	CLOCK_CURRENT
直流信号电流源	DC_CURRENT
指数信号电流源	EXPONENTIAL_CURRENT
调频信号电流源	FM_CURRENT
磁通量信号源	MAGNETIC_FLUX
磁通量类型信号源	MAGNETIC_FLUX_GENERA
线性信号电流源	PIECEWISE_LINEAR_CURI
脉冲信号电流源	PULSE_CURRENT

图 4.5.5

（4）控制函数块（CONTROL_FUNCTION_BLOCKS）中内容如图 4.5.6 所示：

限流器	CURRENT_LIMITER_BLOC
除法器	DIVIDER
乘法器	MULTIPLIER
非线性函数控制器	NONLINEAR_DEPENDENT
多项电压控制器	POLYNOMIAL_VOLTAGE
转移函数控制器	TRANSFER_FUNCTION_BL
限制电压函数控制器	VOLTAGE_CONTROLLED_L
微分函数控制器	VOLTAGE_DIFFERENTIAT(
增压函数控制器	VOLTAGE_GAIN_BLOCK
滞回电压控制器	VOLTAGE_HYSTERISIS_B
积分函数控制器	VOLTAGE_INTEGRATOR
限幅器	VOLTAGE_LIMITER
信号响应速率控制器	VOLTAGE_SLEW_RATE_BL
加法器	VOLTAGE_SUMMER

图 4.5.6

(5)电压控源(CONTROLLED_VOLTAGE_SOURCES)中内容如图 4.5.7 所示：

单脉冲控制器	CONTROLLED_ONE_SHOT
电流控电压器	CURRENT_CONTROLLED_V(
键控电压器	FSK_VOLTAGE
电压控线性源	VOLTAGE_CONTROLLED_P:
电压控正弦波	VOLTAGE_CONTROLLED_S:
电压控方波	VOLTAGE_CONTROLLED_S(
电压控三角波	VOLTAGE_CONTROLLED_T]
电压控电压器	VOLTAGE_CONTROLLED_V(

图 4.5.7

(6)电流控源(CONTROLLED_CURRENT_SOURCES)中内容如图 4.5.8 所示：

| 电流控电流源 | CURRENT_CONTROLLED_C |
| 电压控电流源 | VOLTAGE_CONTROLLED_C' |

图 4.5.8

2.  ⚡ 点击基本元器件按钮(Basic)，弹出窗口中的元器件系列如图 4.5.9 所示。

基本虚拟元件	BASIC_VIRTUAL
定额虚拟元件	RATED_VIRTUAL
3D 虚拟元件	3D_VIRTUAL
电阻器	RESISTOR
电阻器组件	RPACK
电位器	POTENTIOMETER
电容器	CAPACITOR
电解电容器	CAP_ELECTROLIT
可变电容器	VARIABLE_CAPA..
电感器	INDUCTOR
可变电感器	VARIABLE_INDU..
开关	SWITCH
变压器	TRANSFORMER
非线性变压器	NON_LINEAR_TR..
Z 负载	Z_LOAD
继电器	RELAY
连接器	CONNECTORS
插座，管座	SOCKETS

图 4.5.9

(1)基本虚拟元件库(BASIC_VIRTUAL)中内容如图 4.5.10 所示:

虚拟交流 120V 常闭继电器	120V_AC_NC_RELAY_VIR
虚拟交流 120V 常开继电器	120V_AC_NO_RELAY_VIR
虚拟交流 120V 双触点继电器	120V_AC_NONC_RELAY_V
虚拟交流 12V 常闭继电器	12V_AC_NC_RELAY_VIRT
虚拟交流 12V 常开继电器	12V_AC_NO_RELAY_VIRT
虚拟交流 12V 双触点继电器	12V_AC_NONC_RELAY_VI
虚拟电容器	CAPACITOR_VIRTUAL
虚拟无磁芯绕组磁动势控制器	CORELESS_COIL_VIRTUAL
虚拟电感器	INDUCTOR_VIRTUAL
虚拟有磁芯电感器	MAGNETIC_CORE_VIRTUAL
虚拟无磁芯耦合电感	NLT_VIRTUAL
虚拟电位器	POTENTIOMETER_VIRTUAL
虚拟直流常开继电器	RELAY1A_VIRTUAL
虚拟直流常闭继电器	RELAY1B_VIRTUAL
虚拟直流双触点继电器	RELAY1C_VIRTUAL
虚拟电阻器	RESISTOR_VIRTUAL
虚拟半导体电容器	SEMICONDUCTOR_CAPACI
虚拟半导体电阻器	SEMICONDUCTOR_RESIST
虚拟带铁心变压器	TS_VIRTUAL
虚拟可变电容器	VARIABLE_CAPACITOR_V
虚拟可变电感器	VARIABLE_INDUCTOR_VI
虚拟可变下拉电阻器	VARIABLE_PULLUP_VIRT
虚拟电压控制电阻器	VOLTAGE_CONTROLLED_R

图 4.5.10

(2)额定虚拟元件(RATED_VIRTUAL)中内容如图 4.5.11 所示:

虚拟额定 NPN 型晶体管	BJT_NPN_RATED
虚拟额定 PNP 型晶体管	BJT_PNP_RATED
虚拟额定电容器	CAPACITOR_RATED
虚拟额定二极管	DIODE_RATED
虚拟额定电感器	INDUCTOR_RATED
虚拟额定电动机	MOTOR_RATED
虚拟额定直流常闭继电器	NC_RELAY_RATED
虚拟额定直流常开继电器	NO_RELAY_RATED
虚拟额定直流双触点继电器	NONC_RELAY_RATED
虚拟额定电阻器	RESISTOR_RATED

图 4.5.11

(3)三维虚拟元件(3D_VIRTUAL)中内容如图 4.5.12 所示：

三维虚拟 npn 型晶体管	`Bjt_npn1`
三维虚拟 pnp 型晶体管	`Bjt-pnp1`
三维虚拟 100uF 电解电容	`Capacitor1_100uF`
三维虚拟 10pF 电容	`Capacitor2_10pF`
三维虚拟 100pF 电容	`Capacitor3_100pF`
三维虚拟同步十进计数器	`Counter_74LS160N`
三维虚拟二极管	`Diode1`
三维虚拟竖立 1.0uH 电感器	`Inductor1_1.0uH`
三维虚拟横卧 1.0uH 电感器	`Inductor2_1.0uH`
三维虚拟红色发光二极管	`Led1_Red`
三维虚拟黄色发光二极管	`Led2_Yellow`
三维虚拟绿色发光二极管	`Led3_Green`
三维虚拟场效应管(3TEN)	`Mosfet1_3TEN`
三维虚拟电动机	`Motor_dc1`
三维虚拟集成运算放大器(LM741)	`Op-Amp_741`
三维虚拟 5k 电位器	`Potentiometer1_5K`
三维虚拟四 2 输入与门(7408)	`Quad_And_Gate`
三维虚拟 1.0k 电阻	`Resistor1_1.0k`
三维虚拟 8 位移位寄存器(74LS165)	`Shift_Register_74LS16`
三维虚拟推拉开关	`Switch1`

图 4.5.12

(4)电阻(RESISTOR)中的"Component"栏中有从"1.0Ohm 到 22MOhm"全系列电阻可供调用。

(5)排阻(RPACK)中的"Component"栏中共有 7 种排阻可供调用。

(6)电位器(POTENTIOMETER)中的"Component"栏中共有 18 种阻值电位器可供调用。

(7)电容器(CAPACITOR)中的"Component"栏中有从"1.0pF 到 10uF"系列电容可供调用。

(8)电解电容器(CAP_ELECTROLIT)中的"Component"栏中有从"1.0uF 到 10F"系列电解电容器可供调用。

(9)可变电容器(VARIABLE_CAPACITOR)中的"Component"栏中仅有 30pF、100pF 和 350pF 三种可变电容器可供调用。

(10)电感(INDUCTOR)中的"Component"栏中有从"1.0uH 到 9.1H"全系列电感可供调用。

(11)可变电感器(VARIABLE_ INDUCTOR)中的"Component"栏中仅有 10uH、10mH 和 100mH 三种可变电感器可供调用。

(12)开关(SWITCH)中内容如图 4.5.13 所示：

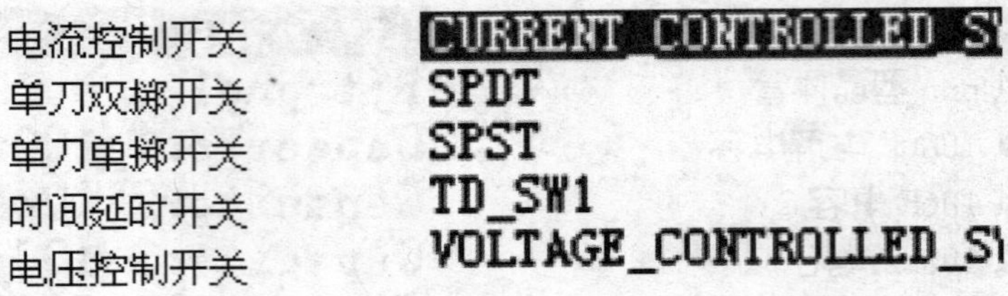

电流控制开关	CURRENT CONTROLLED S
单刀双掷开关	SPDT
单刀单掷开关	SPST
时间延时开关	TD_SW1
电压控制开关	VOLTAGE_CONTROLLED_S

图 4.5.13

(13)变压器(TRANSFORMER)中的"Component"栏中共有 18 种规格变压器可供调用。

(14)非线性变压器(NON_LINEAR_TRANSFORMER)中的"Component"栏中共有 10 种规格非线性变压器可供调用。

(15)负载阻抗(Z_LOAD)中的"Component"栏中共有 9 种规格负载阻抗可供调用。

(16)继电器(RELAY)中的"Component"栏中共有 115 种各种规格直流继电器可供调用。

(17)连接器(CONNECTORS)中的"Component"栏中共有 130 种各种规格连接器可供调用。

(18)插座(SOCKETS)中的"Component"栏中共有 12 种各种规格插座可供调用。

3.  ⊣⊢ 点击二极管按钮(Diode)，弹出窗口中的元器件系列如图 4.5.14 所示。

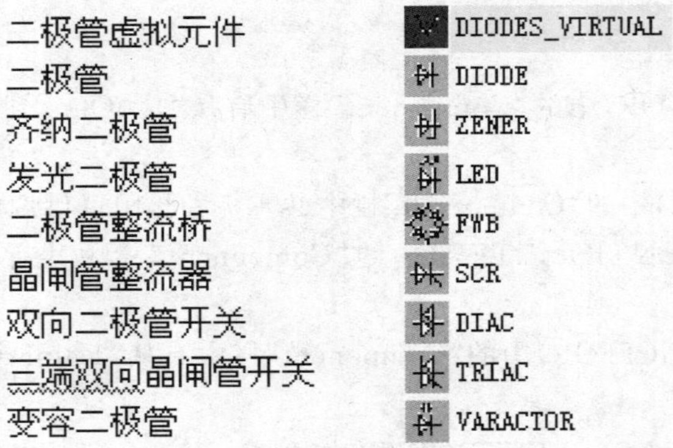

二极管虚拟元件	DIODES_VIRTUAL
二极管	DIODE
齐纳二极管	ZENER
发光二极管	LED
二极管整流桥	FWB
晶闸管整流器	SCR
双向二极管开关	DIAC
三端双向晶闸管开关	TRIAC
变容二极管	VARACTOR

图 4.5.14

(1)虚拟二极管元件(DIODES_VIRTUAL)中的"Component"栏中仅有 2 种规格虚拟二极管元件可供调用，一种是普通虚拟二极管，另一种是齐纳击穿虚拟二极管。

(2)普通二极管(DIODES)中包括了国外许多公司提供的 298 种各种规格二极管元件可供调用。

(3)齐纳击穿二极管(即稳压管)(ZENER)中的"Component"栏中包括了国外许多公司提供的 543 种各种规格稳压管可供调用。

(4)发光二极管(LED)中的"Component"栏中有 7 种颜色的发光二极管可供调用。

(5)全波桥式整流器(FWB)中的"Component"栏中仅有 5 种规格全波桥式整流器可供调用。

(6)可控硅整流器(SCR)中的"Component"栏中共有 144 种规格可控硅整流器可供调用。

(7)双向开关二极管(DIAC)中的"Component"栏中共有 11 种规格双向开关二极管(相当于两只肖特基二极管并联)可供调用。

(8)可控硅开关元件(TRIAC)中的"Component"栏中共有 100 种规格可控硅开关元件可供调用。

(9)变容二极管(VARACTOR)中的"Component"栏中共有 28 种规格变容二极管可供调用。

4. 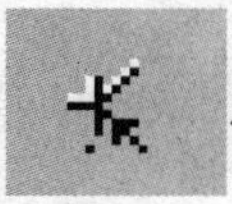 点击三极管按钮(Transistor),弹出窗口中的元器件系列如图 4.5.15 所示。

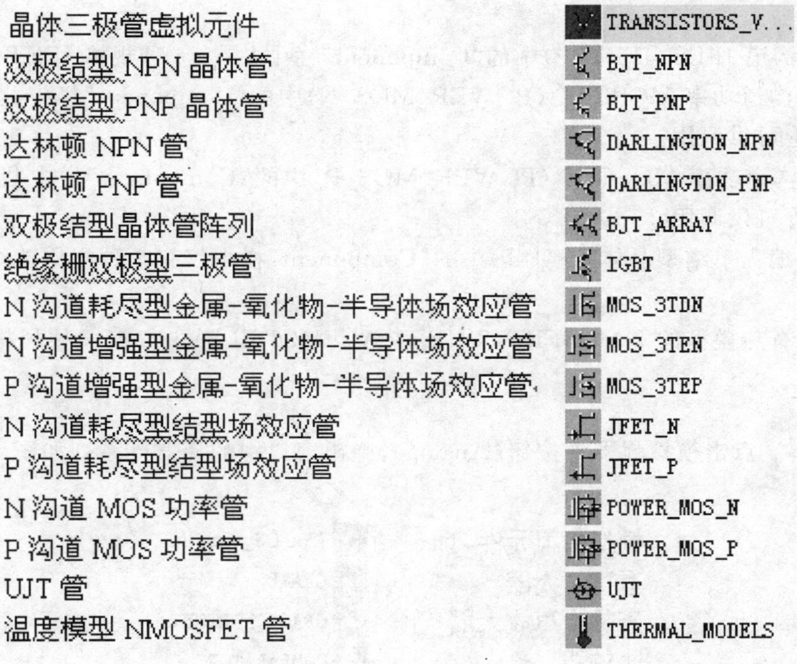

| 晶体三极管虚拟元件 | TRANSISTORS_V... |
| N 沟道耗尽型金属-氧化物-半导体场效应管 | ... |

双极结型 NPN 晶体管　　　　　BJT_NPN
双极结型 PNP 晶体管　　　　　BJT_PNP
达林顿 NPN 管　　　　　DARLINGTON_NPN
达林顿 PNP 管　　　　　DARLINGTON_PNP
双极结型晶体管阵列　　　　　BJT_ARRAY
绝缘栅双极型三极管　　　　　IGBT
N 沟道耗尽型金属-氧化物-半导体场效应管　　MOS_3TDN
N 沟道增强型金属-氧化物-半导体场效应管　　MOS_3TEN
P 沟道增强型金属-氧化物-半导体场效应管　　MOS_3TEP
N 沟道耗尽型结型场效应管　　JFET_N
P 沟道耗尽型结型场效应管　　JFET_P
N 沟道 MOS 功率管　　POWER_MOS_N
P 沟道 MOS 功率管　　POWER_MOS_P
UJT 管　　UJT
温度模型 NMOSFET 管　　THERMAL_MODELS

图 4.5.15

(1)虚拟晶体管(TRANSISTORS_VIRTUAL)中的"Component"栏中共有 16 种规格虚拟晶体管可供调用,其中包括 NPN 型、PNP 型晶体管;JFET 和 MOSFET 等。

(2)双极型 NPN 型晶体管(BJT_NPN)中的"Component"栏中共有 235 种规格晶体管可供调用。

(3)双极型 PNP 型晶体管(BJT_PNP)中的"Component"栏中共有 173 种规格晶体管可供调用。

(4)达林顿 NPN 型晶体管(DARLINGTON_NPN)中的"Component"栏中有 7 种规格

达林顿管可供调用。

（5）达林顿 PNP 型晶体管（DARLINGTON_PNP）中的"Component"栏中仅有 3 种规格达林顿管可供调用。

（6）晶体管阵列（BJT_Array）中的"Component"栏中仅有 5 种规格晶体管阵列可供调用。

（7）MOS 门控制的功率开关（IGBT）中的"Component"栏中有 32 种规格 MOS 门控制的功率开关可供调用。

（8）三端 N 沟道耗尽型 MOSFET（MOS_3TDN）中的"Component"栏中有 4 种规格 MOSFET 管可供调用。

（9）三端 N 沟道增强型 MOSFET（MOS_3TEN）中的"Component"栏中共有 154 种规格 MOSFET 管可供调用。

（10）三端 P 沟道增强型 MOSFET（MOS_3TEP）中的"Component"栏中共有 28 种规格 MOSFET 管可供调用。

（11）N 沟道 JFET（JFET_N）中的"Component"栏中共有 244 种规格 JFET 管可供调用。

（12）P 沟道 JFET（JFET_P）中的"Component"栏中共有 18 种规格 JFET 管可供调用。

（13）N 沟道功率 MOSFET（POWER_MOS_N）中的"Component"栏中共有 13 种规格 MOSFET 管可供调用。

（14）P 沟道功率 MOSFET（POWER_MOS_P）中的"Component"栏中共有 13 种规格 MOSFET 管可供调用。

（15）可编程单结型晶体管（UJT）中的"Component"栏中仅有 2 种规格单结型晶体管可供调用。

（16）带有热模型的 NMOSFET（THERMAL_MODELS）中仅有一种规格 NMOSFET 管可供调用。

5. 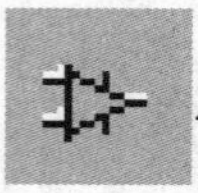 点击模拟元器件按钮（Analog），弹出窗口中的元器件系列如图 4.5.16 所示。

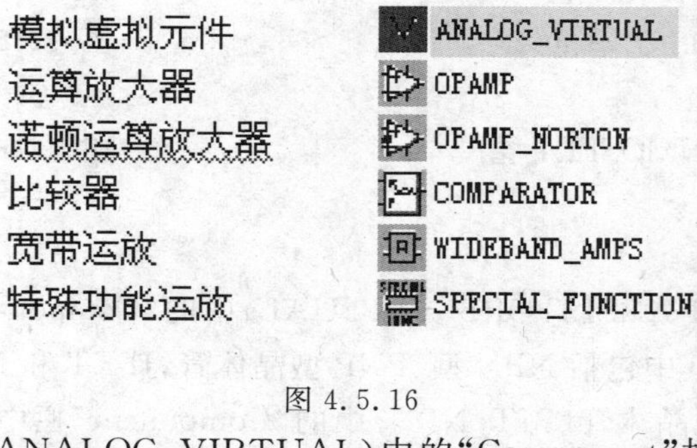

模拟虚拟元件	ANALOG_VIRTUAL
运算放大器	OPAMP
诺顿运算放大器	OPAMP_NORTON
比较器	COMPARATOR
宽带运放	WIDEBAND_AMPS
特殊功能运放	SPECIAL_FUNCTION

图 4.5.16

（1）模拟虚拟元件（ANALOG_VIRTUAL）中的"Component"栏中仅有虚拟比较器、三端虚拟运放和五端虚拟运放 3 个品种可供调用。

（2）运算放大器（OPAMP）中的"Component"栏中包括了国外许多公司提供的多达 760 种规格运放可供调用。

（3）诺顿运算放大器（OPAMP_NORTON）中的"Component"栏中仅有 4 种规格诺顿运放可供调用。

（4）比较器（COMPARATOR）中的"Component"栏中有 36 种规格比较器可供调用。

（5）宽带运放（WIDEBAND_AMPS）中的"Component"栏中有 58 种规格宽带运放可供调用，宽带运放典型值达 100MHz，主要用于视频放大电路。

（6）特殊功能运放（SPECIAL_FUNCTION）中的"Component"栏中仅有 7 种规格特殊功能运放可供调用，主要包括测试运放、视频运放、乘法器/除法器、前置放大器和有源滤波器等。

6. 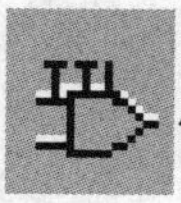 点击 TTL 元器件按钮（TTL）弹出窗口中的元器件只有两个系列如图 4.5.17 所示。

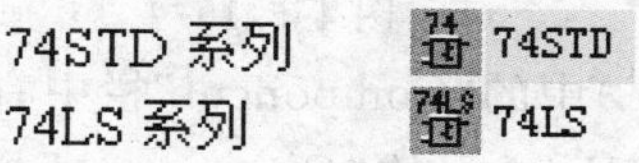

74STD 系列   74STD
74LS 系列   74LS

图 4.5.17

（1）标准 TTL 型数字集成电路（74STD）中的"Component"栏中有 89 种规格数字集成电路可供调用。

（2）低功耗肖特基 TTL 型数字集成电路（74LS）中的"Component"栏中有 216 种规格数字集成电路可供调用。

7.  点击 CMOS 元器件按钮（CMOS）弹出窗口中的元器件系列如图 4.5.18 所示。

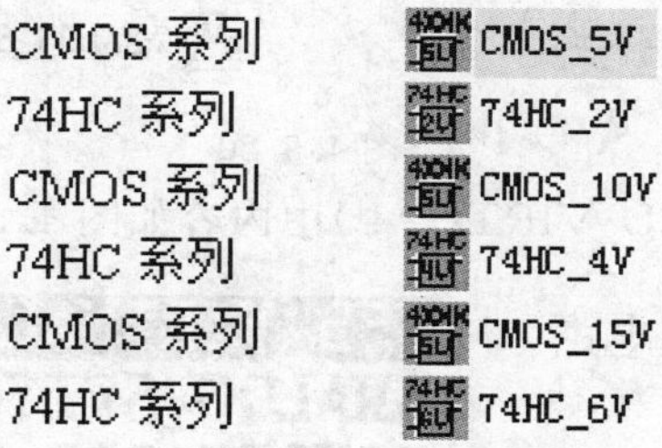

CMOS 系列   CMOS_5V
74HC 系列   74HC_2V
CMOS 系列   CMOS_10V
74HC 系列   74HC_4V
CMOS 系列   CMOS_15V
74HC 系列   74HC_6V

图 4.5.18

（1）数字集成逻辑器件（CMOS_5V）中的"Component"栏中有 147 种数字集成电路可供调用。

（2）数字集成逻辑器件（74HC_2V）中的"Component"栏中有 152 种数字集成电路可供调用。

（3）数字集成逻辑器件（CMOS_10V）中的"Component"栏中有 169 种数字集成电路可供调用。

（4）数字集成逻辑器件（74HC_4V）中的"Component"栏中有 126 种数字集成电路可供调用。

(5)数字集成逻辑器件(CMOS_15V)中的"Component"栏中有 172 种数字集成电路可供调用。

(6)数字集成逻辑器件(74HC_6V)中的"Component"栏中有 152 种数字集成电路可供调用。

8.  ▦ 点击其他数字元器件按钮(Miscellaneous Digital),弹出窗口中的元器件系列如图 4.5.19 所示。

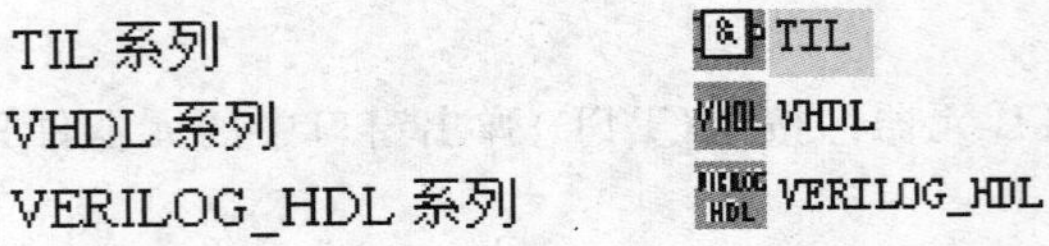

TIL 系列   TIL

VHDL 系列   VHDL

VERILOG_HDL 系列   VERILOG_HDL

图 4.5.19

(1)数字集成逻辑器件(TIL)中的"Component"栏中有 97 种数字集成电路可供调用。

(2)数字集成逻辑器件(VHDL)中的"Component"栏中有 118 种数字集成电路可供调用。

(3)数字集成逻辑器件(VERILOG_HDL)中的"Component"栏中有 10 种数字集成电路可供调用。

9.  ▦ 点击模数混合元器件按钮(Mixed),弹出窗口中的元器件系列如图 4.5.20 所示。

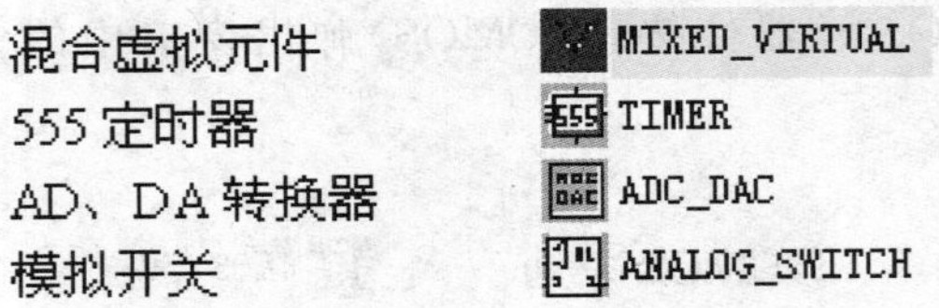

混合虚拟元件   MIXED_VIRTUAL

555 定时器   TIMER

AD、DA 转换器   ADC_DAC

模拟开关   ANALOG_SWITCH

图 4.5.20

(1)混合虚拟元件(MIXED_VIRTUAL)中内容如图 4.5.21 所示：

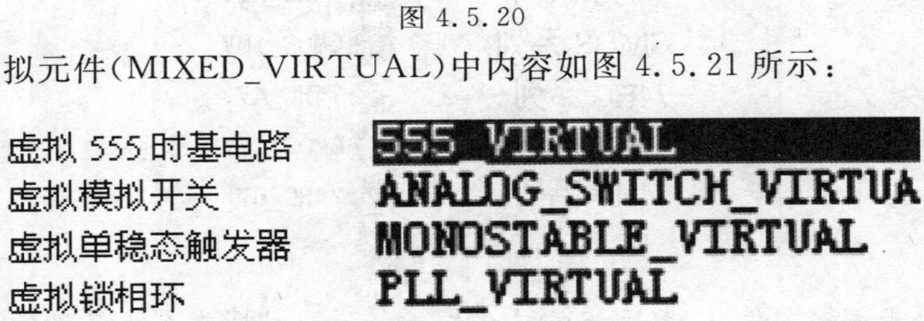

虚拟 555 时基电路   555_VIRTUAL

虚拟模拟开关   ANALOG_SWITCH_VIRTUA

虚拟单稳态触发器   MONOSTABLE_VIRTUAL

虚拟锁相环   PLL_VIRTUAL

图 4.5.21

(2)555 定时器(TIMER)中的"Component"栏中有 7 种 LM555 电路可供调用。

(3)ADC、DAC 转换器(ADC_DAC)中的"Component"栏中仅有 3 种转换器可供调用。

(4)模拟开关(ANALOG_SWITCH)中的"Component"栏中有 8 种模拟开关可供调用。

10. ▦ 点击指示器按钮(Indicator),弹出窗口中的元器件系列如图 4.5.22 所确示。

电压表	VOLTMETER
电流表	AMMETER
探测器	PROBE
蜂鸣器	BUZZER
灯泡	LAMP
虚拟灯泡	VIRTUAL_LAMP
十六进制显示器	HEX_DISPLAY
条形光柱	BARGRAPH

图 4.5.22

(1)电压表(VOLTMETER)中的"Component"栏中有 4 种不同形式的电压表可供调用。

(2)电流表(AMMETER)中的"Component"栏中也有 4 种不同形式的电流表可供调用。

(3)探测器(PROBE)中的"Component"栏中有 5 种颜色的探测器可供调用。

(4)蜂鸣器(BUZZER)中的"Component"栏中仅有 2 种蜂鸣器可供调用。

(5)灯泡(LAMP)中的"Component"栏中有 9 种不同电压的灯泡可供调用。

(6)虚拟灯泡(VIRTUAL_LAMP)中的"Component"栏中只有 1 种虚拟灯泡可供调用。

(7)十六进制显示器(HEX_DISPLAY)中的"Component"栏中仅有 3 种十六进制显示器可供调用。

(8)条形光柱(BARGRAPH)中的"Component"栏中仅有 3 种条形光柱可供调用。

11. **MISC** 点击杂项元器件库按钮(Miscellaneous Digital),弹出窗口中的元器件系列如图 4.5.23 所示。

其它虚拟元件	MISC_VIRTUAL
传感器	TRANSDUCERS
晶振	CRYSTAL
真空电子管	VACUUM_TUBE
熔丝	FUSE
三端稳压器	VOLTAGE_REGUL...
降压变换器	BUCK_CONVERTER
升压变换器	BOOST_CONVERTER
降压/升压变换器	BUCK_BOOST_CO...
有损耗传输线	LOSSY_TRANSMI...
无损耗传输线 1	LOSSLESS_LINE...
无损耗传输线 2	LOSSLESS_LINE...
网络	NET
其它元件	MISC

图 4.5.23

(1)其他虚拟元件(MISC_VIRTUAL)中内容如图 4.5.24 所示:

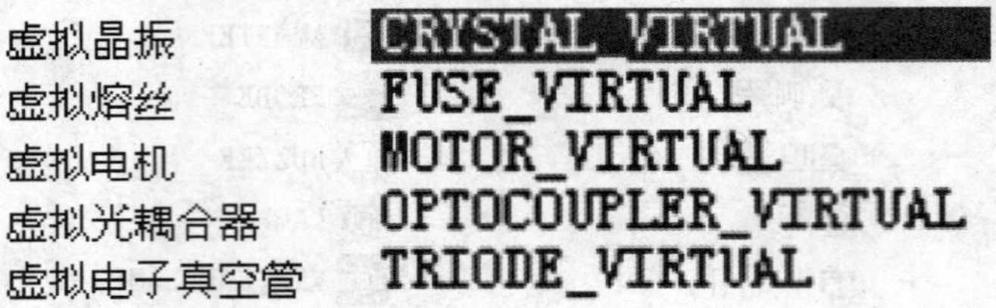

虚拟晶振	CRYSTAL_VIRTUAL
虚拟熔丝	FUSE_VIRTUAL
虚拟电机	MOTOR_VIRTUAL
虚拟光耦合器	OPTOCOUPLER_VIRTUAL
虚拟电子真空管	TRIODE_VIRTUAL

图 4.5.24

(2)传感器(TRANSDUCERS)中的"Component"栏中有 70 种传感器可供调用。

(3)晶振(CRYSTAL)中的"Component"栏中有 18 种不同频率的晶振可供调用。

(4)真空电子管(VACUUM_TUBE)中的"Component"栏中有 7 种电子管可供调用。

(5)熔丝(FUSE)中的"Component"栏中有 13 种不同电流的熔丝可供调用。

(6)三端稳压器(VOLTAGE_REGULATOR)中的"Component"栏中有 14 种不同稳压值的三端稳压器可供调用。

(7)降压变压器(BUCK_CONVERTER)中的"Component"栏中只有 1 种降压变压器可供调用。

(8)升压变压器(BOOST_CONVERTER)中的"Component"栏中也只有 1 种升压变压器可供调用。

(9)降压/升压变压器(BUCK_ BOOST_CONVERTER)中的"Component"栏中也只有 1 种降压/升压变压器可供调用。

(10)有损耗传输线(LOSSY_ TRANSMISSION_LINE)、无损耗传输线子 1(LOSS-LESS _LINE_TYPE1)和无损耗传输线 2(LOSSLESS _LINE_TYPE2)中都只有 1 个品种可供调用。

(11)网络(NET)中的"Component"栏中有 11 个品种可供调用。

(12)其他元件(MISC)中只包含 1 个元件 MAX2740ECM,它是集成 GPS 接收机。

12.  点击 RF 射频元器件按钮(RF),弹出窗口中的元器件系列如图 4.5.25 所示。

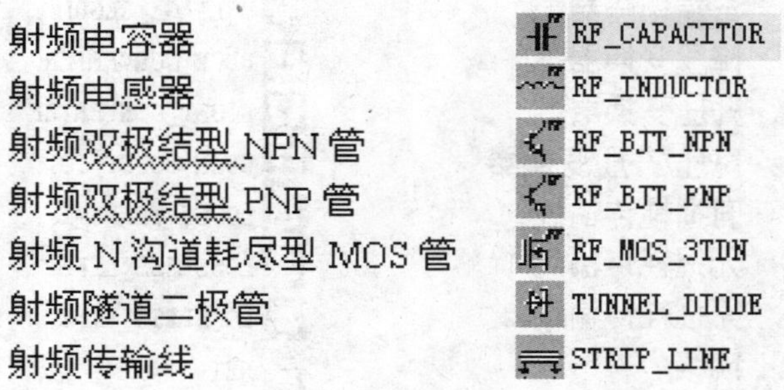

射频电容器	RF_CAPACITOR
射频电感器	RF_INDUCTOR
射频双极结型 NPN 管	RF_BJT_NPN
射频双极结型 PNP 管	RF_BJT_PNP
射频 N 沟道耗尽型 MOS 管	RF_MOS_3TDN
射频隧道二极管	TUNNEL_DIODE
射频传输线	STRIP_LINE

图 4.5.25

(1)射频电容器(RF_CAPACITOR)和射频电感器(RF_INDUCTOR)中都只有 1 个品

种可供调用。

（2）射频双极结型 NPN 管（RF_BJT_NPN）中的"Component"栏中有 84 种 NPN 管可供调用。

（3）射频双极结型 PNP 管（RF_BJT_PNP）中的"Component"栏中只有 7 种 PNP 管可供调用。

（4）射频 N 沟道耗尽型 MOS 管（RF_MOS_3TDN）中的"Component"栏中有 30 种射频 MOSFET 管可供调用。

（5）射频隧道二极管（TUNNEL_DIODE）中的"Component"栏中有 10 种射频隧道二极管可供调用。

（6）射频传输线（STRIP_LINE）中的"Component"栏中有 6 种射频传输线可供调用。

13.  　点击机电元器件按钮（Electromechanical），弹出窗口中的元器件系列如图 4.5.26 所示。

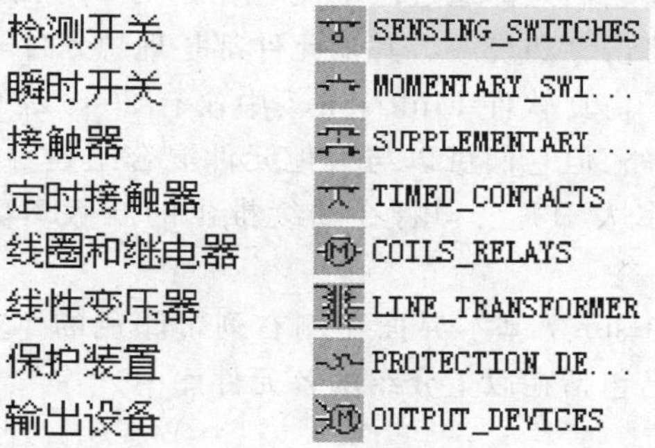

检测开关	SENSING_SWITCHES
瞬时开关	MOMENTARY_SWI...
接触器	SUPPLEMENTARY...
定时接触器	TIMED_CONTACTS
线圈和继电器	COILS_RELAYS
线性变压器	LINE_TRANSFORMER
保护装置	PROTECTION_DE...
输出设备	OUTPUT_DEVICES

图 4.5.26

（1）检测开关（SENSING_SWITCHES）中的"Component"栏中有 17 种开关可供调用，可用键盘上的相关键来控制开关的开或合。

（2）瞬时开关（MPMENTARY_SWITCHES）中的"Component"栏中有 6 种开关可供调用，动作后会很快恢复原来状态。

（3）接触器（SUPPLEMENTARY_CONTACTS）中的"Component"栏中有 15 种接触器可供调用。

（4）定时接触器（TIMED_CONTACTS）中的"Component"栏中有 4 种定时接触器可供调用。

（5）线圈与继电器（COILS_RELAYS）中的"Component"栏中有 55 种线圈与继电器可供调用。

（6）线性变压器（LINE_TRANSFORMER）中的"Component"栏中有 11 种线性变压器可供调用。

（7）保护装置（PROTECTION_DEVICES）中的"Component"栏中有 4 种保护装置可供调用。

（8）输出设备（OUTPUT_DEVICES）中的"Component"栏中有 8 种输出设备可供

调用。

至此,电子仿真软件 Multisim 7 的元件库及元件全部介绍完毕,对读者在创建仿真电路寻找元件时有一定的帮助。这里还有几点说明:

1. 关于虚拟元件,这里指的是现实中不存在的元件,也可以理解为它们的元件参数可以任意修改和设置的元件。比如要一个 1.034Ω 电阻、$2.3\mu F$ 电容等不规范的特殊元件,就可以选择虚拟元件通过设置参数达到;仿真电路中的虚拟元件不能链接到制版软件 Ultiboard7 的 PCB 文件中进行制版,这一点不同于其他元件。

2. 与虚拟元件相对应,我们把现实中可以找到的元件称为真实元件或称现实元件。比如电阻的"Component"栏中就列出了从 1.0Ω 到 $22M\Omega$ 的全系列现实中可以找到的电阻。现实电阻只能调用,但不能修改它们的参数(极个别可以修改,比如晶体管的 β 值)。凡仿真电路中的真实元件都可以自动链接到 Ultiboard7 中进行制版。

3. 电源虽列在现实元件栏中,但它属于虚拟元件,可以任意修改和设置它的参数;电源和地线也都不会进入 Ultiboard7 的 PCB 界面进行制版。

4. 关于额定元件,是指它们允许通过的电流、电压、功率等的最大值都是有限制的。超过它们的额定值,该元件将击穿和烧毁。其他元件都是理想元件,没有定额限制。

5. 关于三维元件,电子仿真软件 Multisim 7 中仅有 20 个品种,且其参数不能修改,只能搭建一些简单的演示电路,但它们可以与其他元件混合组建仿真电路。随着 Multisim 7 软件版本的不断升级,加拿大 IIT 公司将在陆续推出的新版本中增加一些新的三维元件品种。

6. 电子仿真软件 Multisim 7 基本界面左侧右列带颜色的 10 个图标按钮,是虚拟元件的快捷键按钮,其内容都已包括在以上介绍的各元件库中。